建筑工程施工监理人员岗位丛书

建筑电气与电梯工程监理

梅 钰 主编

中国建筑工业出版社

图书在版编目(CIP)数据

建筑电气与电梯工程监理/梅钰主编．—北京：中国建筑工业出版社，2003
（建筑工程施工监理人员岗位丛书）
ISBN 7-112-05713-2

Ⅰ．建…　Ⅱ．梅…　Ⅲ．①房屋建筑设备：电气设备—设备安装—监督管理—技术培训—教材②房屋建筑设备—电梯—设备安装—监督管理—技术培训—教材
Ⅳ．TU85

中国版本图书馆 CIP 数据核字（2003）第 027768 号

建筑工程施工监理人员岗位丛书
建筑电气与电梯工程监理
梅　钰　主编

*

中国建筑工业出版社出版、发行（北京西郊百万庄）
新 华 书 店 经 销
北京建筑工业印刷厂印刷

*

开本：787×1092 毫米　1/16　印张：12¼　字数：295 千字
2003 年 6 月第一版　2004 年 3 月第二次印刷
印数：5,001—8,000 册　定价：**20.00** 元
ISBN 7-112-05713-2
F·453（11352）

版权所有　翻印必究
如有印装质量问题，可寄本社退换
（邮政编码 100037）
本社网址：http://www.china-abp.com.cn
网上书店：http://www.china-building.com.cn

丛 书 前 言

工程建设监理在中国已实行了十五年的时间,在全体监理工作者的探索下,基本形成了一套监理工作的理论和方法,对我国的工程建设起到了巨大的推动作用,有效地提高了工程项目的投资建设效益,尤其保证了工程质量。

在国家颁布《建设工程质量管理条例》之后,建设领域关于质量管理的改革进一步深化,建设部围绕工程质量问题发布了一系列的管理规定或规范,如见证取样和送检的规定、验收备案制度、《建设工程监理规范》、旁站监理规定,施工质量验收规范的集中修订并在2003年全部实施等。这些规定与规范均强化了监理工作,对监理工作提出了新的要求。作为监理人员必须努力学习新规范、新标准和新制度,适应新形势对监理工作的要求。

质量是监理人员永恒的主题,而监理人员如何依据最新的标准在施工现场进行检查、巡视、旁站、检测、验收等质量控制工作,落实《建设工程监理规范》与其他施工质量验收规范的要求,进一步提高质量控制的效果,是摆在所有监理人员面前的重要课题。本套丛书力求向从事建筑工程质量监理的人员揭示其中的一些方法。

为此我们在中国建筑工业出版社的支持下组织了解放军理工大学、同济大学监理公司、江苏建科监理公司、上海上咨监理公司等相关单位的一些具有较高理论水平和丰富监理工作经验的人员,依据近年所发布的施工验收规范、材料标准、监理规范和资料管理规范等,编写了这套适用于建筑工程监理人员现场工作的工具书,并可兼作监理人员上岗培训教材。

监理人员从事现场的质量控制工作主要有:第一、对原材料进行检查验收;第二、监理人员了解施工工艺并针对性地采取相应的监理措施;第三、通过巡视与旁站来控制工程的质量;第四、监理人员要在现场进行一些见证取样试验或平行检测;第五、监理人员要依据施工质量验收标准对各分项工程进行验收。本套丛书中有五本就是以上述五个方面的监理工作为主线论述了地基基础、主体结构、防水、装饰装修、强电弱电和空调、给排水等所有建筑工程主要分部工程监理工作的要点。

在本套丛书中的《建筑工程监理基础知识》简要介绍了监理和监理工作的法律、法规,质量、进度与造价控制的基本方法,合同管理的基本知识及监理资料管理的要求。本套丛书还列举了若干个建筑工程监理的案例。

本丛书的书名分别是:
《建筑工程监理基础知识》
《建筑地基与基础工程监理》
《主体结构与防水工程监理》
《建筑装饰装修工程监理》
《建筑水暖与通风空调工程监理》
《建筑电气与电梯工程监理》
《建筑材料质量控制监理》

《建筑工程监理案例》

这套丛书的编制是一个新的尝试,作者试图从现场监理工作的角度论述监理工作的要点,希望对从事建筑工程监理工作的人员有所启发和帮助。由于时间有限,更由于作者的水平所限,对监理工作理解难免有所偏差,请广大读者多多批评指正。

丛书主编:杨效中
2003 年 3 月

前　　言

　　建筑电气工程、智能建筑工程、电梯工程是建筑工程的三个重要分部工程。加强对这三个分部工程施工过程的质量控制和施工质量验收，是监理的重要任务。近年来，随着建筑业的发展和国家新一轮工程质量验收标准、规范的实行，2002年新版强制性条文的实施，对监理工作提出了更高的要求。为了适应当前的形势，满足监理工作者、特别是电气专业监理人员的工作需要，我们编写了这本手册。本书是监理人员开展监理工作的重要工具，也可作为监理人员的继续教育、培训用书和从事建设、设计、施工、监理等单位技术人员、管理人员的参考用书。

　　本书的编写背景是：《建筑工程施工质量验收统一标准》(GB 50300—2001)、《建筑电气工程施工质量验收规范》(GB 50303—2002)、《电梯工程施工质量验收规范》(GB 50310—2002)等国家新一轮验收标准、规范正式实行；建筑电气工程有关的验收标准、规范、规程等较为齐全，而智能建筑工程有关的质量验收规范（国标）尚未发布，仅有"智能建筑设计标准"、"综合布线系统验收规范"和一些地方标准规范；电梯工程及智能建筑工程的某些子系统，因行业实行归口管理，验收最终由归口验收单位认可，监理对其进行质量控制的深度、细度不够。因此，在对这三个分部工程的监理工作，需要监理人员根据实际情况总结经验，不断提高监理水平。

　　参加本书编写的人员：第一篇，吴耀先；第二篇，姜寿银；第三篇，梅钰。本书由梅钰主编，吴耀先副主编，徐亦陈参加了编审工作。

　　本书还得到有关监理公司和人员的支持，在此表示感谢。由于编写时间仓促和编写人员业务水平所限，书中如有不妥之处，敬请读者批评指正。

编者

2003年3月

目 录

概 述 1
 一、建筑电气工程 1
 二、智能建筑工程 3
 三、电梯工程 8

第一篇 建筑电气工程质量监理 13
第一章 布线系统质量监理 13
 第一节 配线工程 13
 第二节 电缆敷设工程 22
 第三节 裸母线、封闭母线、插接式母线安装 29
 第四节 架空线路及杆上电气设备安装 36

第二章 变配电设备施工质量监理 40
 第一节 变压器、箱式变电所安装 40
 第二节 成套配电柜、控制柜(屏、台)和动力照明配电箱(盘)安装 42

第三章 自备电源施工质量监理 47
 第一节 柴油发电机安装 47
 第二节 不间断电源安装 49

第四章 受电设备施工质量监理 51
 第一节 低压电动机、电加热器及电动执行机构检查接线 51
 第二节 低压电气动力设备试验和试运行 52

第五章 电气照明施工质量监理 54
 第一节 照明灯具安装 54
 第二节 开关、插座、风扇安装 61
 第三节 建筑物照明通电试运行 64

第六章 防雷接地与等电位联结质量监理 65
 第一节 防雷接地 65
 第二节 建筑物等电位联结 69

第七章 分部(子分部)工程验收 71

第二篇 智能建筑工程质量监理 73
第八章 建筑设备自动化系统质量监理 73
 第一节 建筑设备自动化系统的施工过程和工艺要求 73
 第二节 建筑设备自动化系统施工前的准备及监理预控措施 75
 第三节 建筑设备自动化系统过程的巡视检查 76
 第四节 建筑设备自动化系统的监理平行检验 77
 第五节 监理验收 78

第九章 火灾报警与消防联动控制系统质量监理 80
 第一节 施工过程及工艺要求 80

7

  第二节 施工前的准备及监理预控措施 ……………………… 80
  第三节 施工过程中的巡视检查 …………………………………… 81
  第四节 系统调试 …………………………………………………… 83
  第五节 系统的监理验收 …………………………………………… 84

第十章 公共安全技术防范系统质量监理 ……………………………… 86
  第一节 施工过程及工艺要求 ……………………………………… 86
  第二节 施工前的准备和监理预控措施 …………………………… 87
  第三节 施工过程的巡视检查 ……………………………………… 88
  第四节 系统调试 …………………………………………………… 89
  第五节 监理的验收 ………………………………………………… 89

第十一章 办公自动化系统质量监理 ……………………………………… 92
  第一节 施工过程及工艺要求 ……………………………………… 92
  第二节 施工前的准备和监理预控措施 …………………………… 93
  第三节 施工过程的巡视检查 ……………………………………… 93
  第四节 系统的验收 ………………………………………………… 94

第十二章 通信网络系统质量监理 ………………………………………… 95
  第一节 施工过程及工艺要求 ……………………………………… 95
  第二节 施工前的准备及监理预控措施 …………………………… 95
  第三节 施工过程的巡视检查 ……………………………………… 96
  第四节 系统调试及验收 …………………………………………… 97

第十三章 综合布线系统质量监理 ………………………………………… 99
  第一节 施工过程及工艺要求 ……………………………………… 99
  第二节 施工前的准备和监理预控措施 …………………………… 99
  第三节 施工过程的巡视检查 ……………………………………… 100
  第四节 系统的测试 ………………………………………………… 102
  第五节 监理的验收 ………………………………………………… 104

第十四章 扩声音响系统质量监理 ………………………………………… 105
  第一节 施工过程及工艺要求 ……………………………………… 105
  第二节 施工前的准备和监理预控措施 …………………………… 106
  第三节 施工过程的巡视检查 ……………………………………… 107
  第四节 系统测试和监理验收 ……………………………………… 107

第十五章 住宅(小区)智能化系统质量监理 ……………………………… 109
  第一节 施工过程及工艺要求 ……………………………………… 109
  第二节 施工前的准备和监理预控措施 …………………………… 110
  第三节 施工过程的巡视检查 ……………………………………… 110
  第四节 监理的验收 ………………………………………………… 111

第十六章 建筑智能化系统集成的质量监理 ……………………………… 112
  第一节 施工过程及工艺要求 ……………………………………… 112
  第二节 施工前的准备和监理预控措施 …………………………… 112
  第三节 施工过程的巡视检查 ……………………………………… 114

第十七章 电源及防雷接地质量监理 ……………………………………… 116
  第一节 施工过程及工艺要求 ……………………………………… 116

第二节　施工前的准备和监理预控措施 …………………………………… 116
　　　第三节　施工过程的巡视检查和验收 ……………………………………… 117
　第十八章　分部(子分部)工程质量验收 ………………………………………… 119
　　　第一节　监理验收程序 ……………………………………………………… 119
　　　第二节　验收依据(含强制性条文) ………………………………………… 121
　　　第三节　工程交接 …………………………………………………………… 122

第三篇　电梯工程质量监理 …………………………………………………………… 123
　第十九章　电力驱动的曳引式或强制式电梯安装工程质量监理 ……………… 123
　　　第一节　电梯施工过程及监理程序 ………………………………………… 123
　　　第二节　曳引装置组装施工质量监理 ……………………………………… 129
　　　第三节　导轨组装施工质量监理 …………………………………………… 136
　　　第四节　轿厢、层门组装施工及质量监理 ………………………………… 143
　　　第五节　电器装置安装施工及质量监理 …………………………………… 148
　　　第六节　安全保护装置施工及质量监理 …………………………………… 150
　　　第七节　整机安装验收 ……………………………………………………… 158
　第二十章　液压电梯安装工程质量监理 ………………………………………… 165
　　　第一节　液压电梯安装施工过程和监理工作流程 ………………………… 165
　　　第二节　液压系统质量监理 ………………………………………………… 166
　　　第三节　导轨组装施工质量监理 …………………………………………… 167
　　　第四节　轿厢、层门组装施工质量监理 …………………………………… 167
　　　第五节　电气装置安装施工质量监理 ……………………………………… 168
　　　第六节　安装保护装置施工质量监理 ……………………………………… 168
　　　第七节　整机安装验收及质量监理 ………………………………………… 169
　第二十一章　自动扶梯和自动人行道安装工程质量监理 ……………………… 172
　　　第一节　自动扶梯、自动人行道设备材料要求 …………………………… 172
　　　第二节　安装、调试过程的监理巡查 ……………………………………… 176
　　　第三节　监理验收 …………………………………………………………… 179
　第二十二章　分部(子分部)工程质量验收 ……………………………………… 183
　参考文献 …………………………………………………………………………… 186

概 述

建筑电气、智能建筑、电梯是建筑工程的三个重要分部工程。这三个分部工程的施工质量,不仅关系到整个工程的质量,而且关系到人身安全与建筑物安全。监理人员应当高度重视这三个分部工程的施工过程质量控制和施工质量验收。本书根据《建筑工程施工质量验收统一标准》(GB 50300—2001)、《建筑电气工程施工质量验收规范》(GB 50303—2002)、《电梯工程施工质量验收规范》(GB 50310—2002)、《智能建筑设计标准》(GB/T 50314—2000)和相关的工程验收标准、规范,依照建筑电气工程、智能建筑工程、电梯工程的顺序,对各分部工程监理的主要任务、存在的主要质量通病、质量控制的主要手段、巡查和旁站的主要内容与方法、分项分部工程验收等进行阐述,是监理人员开展监理工作的重要工具。

一、建筑电气工程

(一) 建筑电气工程质量监理的主要任务

1. 防止火灾、雷击、人体触电三大主要伤亡事故

由于建筑电气工程大都通过大电流(以安培计量)、高电压(通常工作电压交流 220V、380V;配电电压 10kV、35kV),若工程质量不能保证,安全防范措施不到位,就会危及人体与建筑物的安全。所以防止三大伤亡事故的发生是监理工作的首要任务。

据一些城市火灾发生调查与事故分析资料表明,由于电气事故引发的火灾所占比例约为总数的三分之一。其中布线系统、照明灯具、配电箱等部分出现问题较多,发生场所以装潢吊顶或木结构场所为多。据此监理应对上述部分的材料、设备及施工质量严加控制。投运前加强各个部分的电气绝缘测试与现场巡视工作,投运后注意各部位的发热情况,对发热较高部位应作温度测试,发现问题必须整改,杜绝火灾发生。

为了保证人身安全,《建筑电气工程施工质量验收规范》国标 GB50303—2002 中对接地安全部分增加了多条强制性条文,如电缆桥架、母线、灯具、插座等部分都有,监理人员应认真学习,坚决贯彻、执行。

由于雷击产生极高电压与巨大电流,对建筑物造成巨大破坏与损伤,必须采取有效措施。国家在设计与验收规范作了许多防雷击的要求与规定,监理在具体工作中应严格遵照执行,绝不能因为工程中雷击事故极少,就麻痹大意。否则一旦出现问题,将造成建筑物与人身伤亡重大事故。

2. 确保电气工程施工质量

通过对电气工程施工质量的严格把关,确保布线系统、变配电系统、照明系统、防雷接地系统的材料、设备质量与施工质量,符合规范和设计要求,使整个电气系统运行正常可靠,以满足建筑物的预期使用功能和安全要求。

(二) 建筑电气工程质量主要通病

建筑电气工程中的质量通病是在检查验收中不断发现的,由于其涉及面广,大小不等,本文简述主要几点:

1．与防火、灭火有关的质量通病

（1）插接母线安装时，不注意穿心螺栓的绝缘层保护，穿入时硬塞硬敲，拼紧时螺栓跟转，结果造成绝缘受损。安装弯头时，由于尺寸有偏差，常采用硬敲、硬撬的措施，强行使弯头母线与直线段母线组装起来，导致绝缘损坏，由于螺栓绝缘与母线之间绝缘损坏程度不同，仪表不一定能测试出来，投运一段时间后会突然短路起火，有时后果严重。

（2）防火电缆施工难度大，工艺要求高，往往由于接头工艺有缺陷，电缆耐压达不到要求，敷设时转弯半径不够或用力过猛、过大，损坏氧化镁绝缘，绝缘电阻测试时发现不了问题，火灾时防火电缆不能正常工作，影响灭火，后果严重。

（3）工程进入精装潢阶段时，为满足装潢效果的需要，常会增加照明灯光，但回路功率与管线的设计施工往往不合规范要求，正式投运后，电线发热引发火灾。

（4）安装高温灯具时，不按规范要求进行隔热防火或调整灯具发热部位与顶棚、墙板的距离，使用后，常会引发火灾。

2．可能引起人体触电事故的通病

（1）安装漏电开关时，不作校验与调试，致使线路漏电时不动作，危及人身安全。

（2）灯具距地面小于 2.4m 时，不执行规范要求，对可接近裸导体（金属外壳）作接地（PE）或接零（PEN）保护，致使人体触及灯具外壳时引发触电事故。

（3）个别插座接线错误，接地线与相线错位，使用时使设备金属外壳带电引发触电事故。

（4）接地（PE）或接零（PEN）支线采用串联连接，不执行必须单独与接地干线相连的规定，造成接地不可靠，引发人体触电事故。

3．影响防雷效果的质量通病

（1）由于外装潢影响，有时屋顶避雷带遭到破坏，没有采取补救措施或措施不力，影响防直击雷效果。

（2）金属门窗，幕墙施工时与电气工程配合不好，致使接地错误或接地不可靠，影响防侧击雷效果。

（3）作避雷引下线的主钢筋连接错误，特别是在裙楼与标准层转换，标准层向塔楼转换时易发生错接、漏接，会削弱引雷入地效果。

4．与弱电工程配合的质量通病

（1）接口设计不合理，对有防干扰要求的未采取防干扰措施。致使弱电信号到达后，强电执行机构不动作；或使有防干扰要求的信号受干扰后，视、听质量下降。

（2）强电与弱电设计配合不好，电源插座与信号插座不在一面墙上或距离过远，影响使用。

5．与其他工种配合的常见质量通病

最常见的质量通病是电线、电缆桥架与水暖、土建平面布置发生上下左右碰撞矛盾，一般都可由监理组织各方人员从图纸到现场反复研究，协调解决。

（三）建筑电气工程质量控制的主要手段

1．施工前的质量控制

（1）参加图纸会审，把施工图中出现的差错、遗漏问题尽量消灭在图纸阶段。把不能施工或难以施工的问题提出，要求设计部门修改图纸，便于保证施工质量。

(2) 认真审查承包商提交的施工组织设计,重点审查有无可靠的组织与技术措施,有无完整的质保体系,施工程序、施工方法是否切实可行,重要岗位的技术工人有无上岗证明。对重要的分项工程、重要的施工工序,技术关键部分应编制详细的施工方案。

(3) 设备、器具和材料质量把关

1) 凡进场的主要设备、器具和材料必须在进场报验时,向监理提交符合要求的质量保证书、合格证、生产许可证,同时提交设备、器具和材料报验单。进口电气设备、器具和材料应提供商检证明和中文质量合格证明文件;规格、型号、性能、检测报告以及中文的安装、使用、维修和试验要求等技术文件。

2) 设备、器具和材料报验时,监理应根据现场条件进行外观及初步抽样检查,如导管壁厚、线缆芯径、阻燃情况等。若有异议可送有资质的检验单位进行抽样检查,合格后方能在施工中应用。

(4) 施工前监理人员应根据本工程的监理实施细则向承包商的施工员、班组长进行技术交底,介绍监理对质量的要求与工作程序,对质量通病预先提出,要求采取措施加以克服。

2．施工中的质量控制

(1) 根据施工进度,加强现场巡视检查,巡视的重点应为施工质量通病与规范中强制性执行条文。

(2) 对于特别重要部位,特别重要工序应进行旁站监理,如高压电缆的耐压试验,低压电缆、电线、母线的绝缘电阻测试,防火电缆敷设(初始阶段)等等。

(3) 认真根据图纸、规范进行每一道工序的验收,发现问题及时更改补救。

3．施工后的质量控制

(1) 电气线路、设备、器具试运行后,应加强观察与测试。注意电气参数(电压、电流等)是否稳定,其最大值与最小值及变化情况。对容易引起火灾的部位应特别注意温度情况,发现问题应立即整改。

(2) 监理撤离现场后,应按规定在责任期内定期向业主回访,发现问题及时通知承包商到工地处理。

4．利用常备工具、仪器、仪表在巡视与验收中进行测量、测试。

(1) 建筑电气工程质量监理人员必备的常规工具有卷尺、直尺、塞尺、千分卡等。利用这些工具在巡视中测量开关、插座等标高、如墙管的水平尺寸,导管、电缆、电线的直径、绝缘层厚度等。

(2) 必备仪器、仪表有电压表、电流表、绝缘电阻测试仪、接地电阻测试仪、红外线测温仪等。在巡视与验收时可对承包商提供的测试数据进行复核,也可作抽样试验使用。

(四) 建筑电气工程质量监理对监理员的要求

1．要有良好的职业道德,能吃苦耐劳,深入现场深入实际,工作认真负责。

2．要有一定的学历和电气专业知识,能虚心向书本学习、向同行学习。

3．要有一定的工程实践经验。

4．有健康的体魄和充沛的精力。

5．熟练使用测量工具与仪器仪表。

二、智能建筑工程

(一) 智能建筑工程质量监理的主要任务

自从1998年试行建设监理制度以来,监理在工程建设的三大控制(质量、投资、进度)方面取得了有目共睹的成绩。监理已成为工程建设的主体之一。特别是对于智能建筑系统工程,由于国家施工验收规范还不太完善,监理在施工过程中把好质量关就显得尤为重要了。

总的来说,对于智能建筑系统工程监理,就是要监督和管理建设单位、弱电承包商的决策、设计、采购、施工、调试、验收等工作,使其符合规范、合同的规定,确保智能建筑各子系统的科学性、经济性和有效性。

具体地说,监理的主要任务有:

1．进行图纸会审。对各个弱电子系统、智能建筑系统集成的方案的可行性、必要性和经济性做出评价,并对图纸中的技术问题提出看法,找出图纸中与其他专业有矛盾和冲突的地方。

2．协助业主选择一个合适的承包商。

好的设计需要有经验的承包商来完成。监理应协助业主选择一个合适的承包商,主要从业绩、人员、仪器机具的配置,技术方案,报价的合理性等方面进行选择,并协助业主与承包商签订一份详细的施工合同。规范合同双方的权利、义务,并杜绝合同中的重项、漏项行为的发生。

3．在施工过程中把好质量关。

(1) 审查施工单位提出的施工组织设计方案;

(2) 加强材料、设备的验收制度,保证材料、设备的规格、型号、产地与合同相符;

(3) 强调工序验收制度;

(4) 组织与指导施工单位对工程事故的处理,并加以验收和确认;

(5) 当工程各方对工程质量方面发生矛盾时,进行协调;

(6) 处理有关质量索赔事件;

(7) 参与系统调试;

(8) 建立技术档案资料,对工程进行验收。

4．监督施工单位做好工程保修

(1) 负责定期检查各个智能建筑系统的运行状况;

(2) 督促施工单位履行保修职责;

(3) 完成工程的最终验收。

(二) 智能建筑工程主要质量通病

对于智能建筑工程的各个子系统,目前通常由不同的弱电系统承包商实施。因此,各个子系统之间的衔接问题时有产生。同时,系统内部也有一些质量通病。根据多年的实践,我们认为主要质量通病有:

1．建筑设备自动化系统(BAS)与强电、给排水、暖通、其他弱电子系统的接口问题欠考虑。如对动力配电箱的控制,强电断路器的脱扣器通常为AC220V,而BAS控制回路输出电压通常为DC48V、DC24V等,中间缺少继电器;有的甚至强弱电分家,各自设计各自的;暖通的管道保温工程完成后,BAS系统施工人员才开始做BAS的温度传感器安装,对暖通的成品不可避免地造成了破坏。

2．对于火灾报警与消防联动系统,除了有类似BAS的质量通病外,还有就是系统有些回路的裕量不够,给系统正常运行带来一些困难。特别是对大开间的办公室,探头的数量应适当多留一些,以避免大开间办公室以后因空间改变而造成探头数量不够。

3. 火灾报警与消防联动系统与背景音乐的配合问题,当这两系统共用扬声器时,应在背景音乐系统的功放后端进行切换,以保证火灾时消防广播的可靠工作。而有的系统设计往往忽视了这一点。

4. 对于公共安全技术防范系统,有些系统设计时"头"、"尾"搭配不当。如作为"头"的摄像机采用450线的,而作为"尾"的监视器只用350线的,有的甚至黑白搭配不当。

5. 公共安全技术防范系统的联动欠考虑。如有的周界防范系统联动有摄像机,但当发生非法翻越时系统启动了摄像机,可这时才发现无灯光,才想起原来系统与照明系统未联动。

6. 对于办公自动化系统,由于目前定义还不十分明晰,经常存在设计时目标不明确、系统配置模糊等缺陷。设计时需深入了解用户明示的要求和潜在的要求,否则容易造成系统功能不足或适应时间太短。

7. 对于综合布线系统,经常存在设计一味求新、求全的思想,造成不必要的浪费。如有些设计,语音、数据、图像都采用超六类、七类非屏蔽双绞线(UTP),这对于语音而言是个浪费,一般三类线、五类线就完全可以满足需要了。而对数据线,有时需适当配一些"光纤到桌面"系统,满足特殊需要。

8. 对于扩声音响系统,普遍存在重视设备安装、忽视布线整齐、标识清楚要求等问题。

9. 管线敷设存在一些通病。由于一些系统的管线预埋通常由土建、强电施工单位完成,而穿线由专业施工单位完成,经常存在一些找不着预埋管或埋设错误问题。同时,由于缺乏统一考虑,管线与其他管线,如强电、给排水、煤气管等的间距不符合规范要求。

10. 对于弱电系统的防雷、接地,主要存在只重视防直击雷,忽视防雷过电压保护和浪涌吸收保护。对于有些弱电系统,如消防系统的主机,要求采用专门的引下线引至接地体上,引下线上不能接其他任何系统的接地线。而有些施工单位在实际施工中经常将其他系统的接地线连接到消防的专用的接地引下线上。

(三)智能建筑工程质量控制的主要手段

弱电监理应以工程的安全性为首要任务,必须确保建筑物和弱电系统不受直击雷与侧击雷的袭击,防火灾与触电事故的发生。第二任务是保证弱电系统的使用功能与运行可靠性。为此弱电监理人员应根据工程进展的各个阶段确定质量控制的重点。

建筑弱电工程一般分为规划设计阶段、施工阶段、调试运行阶段等三个阶段。

1. 规划设计阶段

监理工作的重点是协助业主确定弱电工程总的目标,总的技术路线和方案,进行可行性论证。好的弱电技术方案,应具有实用性、先进性、可靠性、经济性(性价比高),应能达到节能环保(高效率、低能耗、低污染)的目的。在制定方案时,既要防止使用那些仍处于科研阶段或尚未开发成熟的技术、产品;也要防止片面强调"成熟技术"而选用比较陈旧的技术和产品。有些国外产品,开放度较低,最好不用。同时,从工程的前瞻性出发,要优先选用易于进行系统集成(IBMS)的技术方案和产品。

2. 弱电施工阶段

监理工作的重点是协助业主确定合适的弱电承包商,和对工程进行"三控两管一协调"。在注重施工质量控制的同时,抓好进度控制和造价控制。本阶段监理主要应抓好如下几件工作：

（1）根据工程项目的特点，协助业主选择好弱电承包商。目前，有的承包商只具有某一子项或某几子项的资质和经验，有的仅仅是供货商和代销商，调试、联机等工作尚需专业厂家来人指导。这样的承包商不能满足工程的全部要求。在审查承包商资质证件的同时，还要审查弱电项目负责人的资质证件，必要时对该承包商、该项目负责人的已完项目进行考察。考察的重点是承包商的技术实力、质保体系、服务体系。对有系统集成要求的工程，承包商必须具备系统集成的工程经验。

（2）组织技术、质量交底。现在一般由弱电承包商负责深化设计，出施工图。因此，要求承包商必须具备相应的设计资格，施工图纸要求内容齐全，手续完备；图纸应有图签和相关人员签名；弱电工程设计单位应与土建设计单位沟通协调，弱电工程设计方案应征得土建设计单位同意。

（3）强调按图施工，按规范施工。要认真组织有关方面进行图纸会审，审核其施工图和施工预算，将工程可能出现的问题尽量在工程前期予以解决，避免或减少错漏碰撞的现象。对施工单位提交的施工方案、施工技术措施中存在的问题，要以书面形式提出，并要求施工单位修改后再报。施工单位的技术保证体系和质量保证体系，要求制度到位，人员到位，措施到位。

（4）严格材料、设备的审核报验手续。对各种类型的原材料（如各种信号线、数据线、桥架、电管、线槽、电盒、面板开关、插头、插座等），各种类型的传感器（如温度传感器、湿度传感器、电力变送器、水位（油位）传感器、感烟探测器、感温探测器、红外报警探测器、振动报警探测器等），各种类型的执行器（如风阀驱动器、水阀（油阀）驱动器、电源切换箱、广播喇叭、摄像机、录音、录像机、电动防火门、防火卷帘、电动门等）和各种设备（如水泵、油泵、风机、空调冷却机组、锅炉、冷却塔、各种专用电子设备等）均需认真查验"三证"，并进行现场目测和必要的测量测试。严禁任何不合格品用于本工程。

（5）加强对施工过程各工序的检查验收。特别应注意以下质量控制点的查验工作：

1）各种明敷、暗敷配管、线槽、桥架的施工，弱电有规范的，按弱电规范执行；弱电没有规范的，按强电规范执行；

2）接地的连续性和可靠性，电源供电质量，防雷的可靠性，接地系统的接地电阻，应进行测试，达不到要求的要采取补救措施；

3）各种传感器的安装情况，工作状况；

4）DDC 的工作状况；在系统工作站编制一个控制程序并下载到 DDC，DDC 可按程序要求动作。

5）BA 系统的工作状况；临时编制一个系统时间表，可以对部分机电设备在指定时间进行自动启停控制。

6）火灾报警系统与消防联动工作状况；各种探测器的模拟火灾响应和故障报警应正常；消防联动（消防泵、喷淋泵、电动防火门、防火卷帘、消防电梯、事故广播、应急照明、非消防电源强切等）功能正常。

7）安保系统工作状况；安全监控、防盗报警、门禁系统、停车场管理、巡更系统等工作应正常；应具有故障报警和防破坏功能；应具有自动报警处置功能（如优先报警、自动录音、录像、远程设防等）。

8) 通信网络系统的工作状况；包括电话交换机、数字通讯设备、卫星通讯设备、有线广播、有线电视、闭路电视等系统的工作状况。

9) 办公自动化系统的工作状况；包括硬件设备（如工作站、终端机、网络服务器、中继器、网桥、路由器、网关等）和应用软件（如物业管理、日常事务管理、全局事件管理、突发事件管理、公共服务管理以及专业技术管理等）的状况。

10) 综合布线系统的工作状况；综合布线系统各子系统所采用的线缆和连接硬件等，均应符合合同要求和相应技术规范；各项传输性能指标的检测必须符合相关技术标准、规范的要求。

11) 系统集成的工作状况；应在各子系统验收的基础上，检查系统集成的硬件、软件质量；系统集成应包括信息共享功能、中央集中管理功能、全局事件处理功能、辅助决策功能、物业管理信息处理功能与外界系统集成功能等。

(6) 分项工程、分部工程进行验收评定。

目前建筑的弱电系统技术更新很快，而现行施工验收规范与质量检验评定标准有的较实际有所滞后，给监理验收带来一定困难，因此除参照现行的规范、标准验收外，还要注意以下几点：

1) 有行业归口的验收，以行业归口验收单位的验收为准，如消防部分的验收以消防支队为准；监控摄像、卫星电视等以公安部门验收为准等。监理对有行业归口的验收，应按照监理合同，参照设计、图纸、产品说明书等做好预验工作，为正式验收作好准备。

2) 对无行业归口的弱电系统（如共用天线、厅堂音响等）可参照设计图纸、产品说明书等进行验收；对智能建筑中的自动化系统，综合布线 PDS 系统等主要依照设计、产品说明书，施工承包合同等并会同水暖、设备专业共同验收。

3) 重视强、弱电的配合。由于设计时强、弱电分别由不同单位在不同的图纸上表示，往往会将弱电需要的电源插座遗漏或偏离，监理人员应认真对图及时协调，验收时对强、弱电插座，其标高及相互位置要作为重点。对于 BA 系统、消防系统与强电柜、箱的配合，协助业主做好各设计、施工、生产厂家的协调工作，以保证强电接口能可靠完成弱电的有关指令，实现主机的自动控制。

4) 注意弱电与装潢的配合。吊顶内配管一律按明配管验收；吊顶内金属软管不得作接地用，其长度不应超过 1.2m。要注意各弱电探头、插座、开关、器件等与装潢工程的协调一致，如走廊内喇叭、烟感、温感与喷淋头、灯头共用几何中线的问题；监控器兼顾监控效果和装饰美化的问题；各模块、探头、喇叭的安装位置兼顾装潢效果的问题；各阀门、接线箱、测试点与检修孔的协调问题等等。

3. 调试运行阶段

监理工作的重点是：检查弱电系统的功能是否满足设计要求和业主的使用要求；检查系统的可行性和可操作性；检查系统的兼容性、可扩展性和可维护性。系统的软件、硬件应相互匹配，操作界面应方便、直观、友好（"傻瓜"化）。在子系统调试通过的基础上，要特别注意整个系统集成的质量水平。系统集成应在设备集成的基础上达到功能集成（信息的采集与综合、信息的分析与处理、信息的交换与共享）、界面集成（主机的操作界面应包容各子系统的主要界面，达到实时监控）、服务集成（具有高于子系统的优先处理能力）。监理在调试验收时，在注意定性指标验收的同时，也要注意定量指标的验收。各重要部分的主要技术参数,如电压、电流、频率、场强、接地电阻、绝缘电阻、衰减率、信噪比、设备动作正确率,等等,都要进行测量测试,并对数据进行详细记录。

在弱电监理过程中,要严格控制工程变更。为了对工程造价进行控制,防止弱电系统突破概预算目标,必须从严控制,尽量避免或减少工程变更的次数和范围。对工程变更(包括设计变更和业主变更),监理要从技术可行性和经济合理性两个方面进行分析,及时提出监理意见供设计或业主参考。

在弱电监理过程中,要注意工程协调。弱电工程与安装工程、土建工程关系密切,监理要抓好弱电承包商和土建承包商、安装承包商及其他有关单位的协调配合工作。弱电承包商要对土建、安装单位的预留孔、预埋管的位置和数量进行核对,尽量避免弱电施工时乱打乱敲,影响结构的安全性和建筑的美观性。结构设计时,也要充分考虑弱电间、弱电井和线槽线管的空间,防止工程后期造成被动。

总之,监理应以饱满的工作热情,细致主动地做好监理工作。

(四)智能建筑工程对监理人员的要求

由于智能建筑工程的专业性强、科技含量高,对相应的监理工程师、监理员的要求也很高。监理员应协助监理工程师做好项目的管理工作。

总的来说,对监理员的要求如下:

1. 认真学习贯彻国家有关建设法律、法规、政策和政令,尤其是与智能建筑工程系统有关的。

2. 坚持原则,秉公办事,自觉抵制不正之风。

3. 对工作严肃认真,积极主动地协助监理工程师做好本职工作。要经常深入现场,及时发现问题。

4. 努力钻研监理业务和提高技术水平。由于智能建筑技术更新换代很快,新技术、新工艺、新材料设备层出不穷,监理员要善于学习智能建筑的最新技术,及时更新自己的知识。

5. 尊重客观事实,准确反映工程中所发生的问题,协助监理工程师进行协调工作和造价工程师的索赔工作。

三、电梯工程

随着国民经济发展,高层建筑和大跨度、大空间建筑物越来越多,电梯的使用也越来越广泛。电梯工程已经成为一般工业与民用建筑安装工程的重要内容,电梯工程(含电梯制造与安装)质量的好坏,已经很大地影响或决定了建安工程质量的好坏。

电梯工程技术含量高,专业性很强,而且技术发展很快。电梯驱动方法,由驱绳轮牵引发展到液压驱动、直线电机驱动、无导轨驱动;电梯的品种,由一般的乘客电梯和货梯,发展到许多特殊用途的专用电梯(船用、机场用等)、透明观光电梯、双层轿厢电梯及自动扶梯、自动人行道、曲线电梯等;电梯的运行速度,由每秒零点几米发展到每秒几米、十几米,目前世界已知的最高速度电梯为 12.5m/s;电梯的控制系统,由电磁控制系统发展集成控制、数字控制、机群控制、模糊控制系统。电梯工程技术的发展,对监理工作者提出了更高的要求。

(一)电梯工程质量监理的主要任务

《建筑工程施工质量验收统一标准》(GB 50300—2001)明确电梯工程是监理质量控制的重要内容。国家新一轮施工质量验收标准,强调"验评分离、强化验收、完善手段、过程控制"的指导方针,把电梯安装工程规范的质量检验和质量评定、质量验收和施工工艺的内容分开,将可采纳的检验和验收内容修订成易于执行的规范条款《电梯工程施工质量验收规范》(GB 50310—2002)。

新的电梯工程验收规范强化电梯安装工程质量验收要求,明确验收检验项目,尤其是把涉及到电梯安装工程的质量、安全及环境保护等方面的内容,作为主控项目要求;完善设备进场验收、土建交接检验、分项工程检验及整机检测项目,充分反映电梯安装工程质量验收的条件和内容,进一步提高各条款的科学性、可操作性,减少人为因素的干扰和观感评价的影响。

电梯工程质量监理的主要目的,就是要确保电梯安装施工的质量达到国家标准规范的要求,确保电梯使用的可靠性、安全性和舒适性。

(二)电梯工程主要质量通病

电梯工程是系统工程,电梯工程质量与制造(机械与电气)质量、安装质量以及建筑物本身质量都有很大关系。常见的电梯工程质量通病如下:

1. 轿厢平层误差超过规定值范围

主要原因:

(1)平层感应器与隔磁板位置未调整得当;隔磁板固定螺丝松脱;

(2)抱闸系统未调整好,间隙过大或过小;制动弹簧过紧或过松;

(3)选层器上的换速触头与固定触头位置不当;

2. 电梯平层后又自动溜车

主要原因:

(1)曳引绳打滑,曳引绳上润滑油过多,或与曳引轮槽位置不适;

(2)制动器抱闸间隙过大或失灵;制动轮上有油污打滑;

3. 轿厢在运行中抖动或晃动

主要原因:

(1)导轨安装误差较大;导轨接口处不平;导轨支架松动;

(2)各曳引绳张紧力不一致,曳引绳的松紧度差异大;

(3)曳引机底座固定不牢,有较大间隙;

(4)滚动导靴的滚轮磨损不均匀;滑动导靴的靴被磨损过大;

(5)曳引机械速箱蜗轮、蜗杆磨损严重;齿侧间隙过大;

4. 电梯运行时,轿厢内(或机房内)噪声大于规定值

主要原因:

(1)导轨润滑油不足;

(2)滑动导靴内有异物卡住;滑动导靴被磨损严重;

(3)机房内机械传动部分间隙过大;曳引机固定不牢;

(4)安全钳间隙过小,有时摩擦导轨;

5. 控制系统不灵敏(如电梯按钮失灵、指示灯不亮、到站平层后轿厢门不开、轿厢门夹人等)

主要原因:

(1)控制系统内电气元件失效(如控制继电器、干簧管触点失灵、线圈烧坏、微动开关失灵等);

(2) 控制元件安装、调整不准确（如二极管装反，触头间隙调整不当等）；
(3) 机械传动机构磨损或卡阻；
(4) 线路故障（如熔丝烧断、焊接点不良等）；

6．电梯启动和运行速度达不到正常速度

主要原因：
(1) 电源电压过低；
(2) 主电路接触器触点接触不良；
(3) 制动器抱闸间隙过小，运行时未能完全打开；
(4) 抱闸线圈内有异物，动作不畅；

7．观感检查指标达不到规定要求

主要原因：
(1) 轿厢、轿门、层门安装精度差；
(2) 标高与水平尺寸控制精度低；
(3) 土建施工（包括井道、门楣、门坎等）达不到电梯安装要求；
(4) 机房、导轨支架、轿厢内外、底轨、层门地坎等处存在垃圾杂物；
(5) 产品保护工作不到位；

除上述质量通病外，常见的施工质量问题还有电气设备及金属外露部分接地不良，对重选配不当等。

（三）电梯工程质量控制的主要手段

电梯工程质量控制应坚持主动控制、事前控制、过程控制的原则。对电梯工程，监理人员应克服工程专业性强、依赖技术监督部门验收把关等障碍，就象对待土建工程、安装工程一样，主动控制其安装施工过程。在监理时要强调事前控制，严把开工条件审核关，严禁不具备电梯安装资质的企业和人员，承揽电梯施工任务，严禁无图纸、无方案施工。

在电梯工程质量控制，要恰当运用组织措施、合同措施、技术措施、经济措施进行严格监理，防止电梯安装工程质量失控，影响整个建筑工程的质量和进度。

进行电梯工程质量控制，监理的主要方法有：

1．严格进行资格审查

参加电梯安装工程施工的企业应有相应的资质。施工企业主要管理人员（项目经理、质检员、安全员、施工员等）和特殊工种人员应有上岗证书。要严禁资质不符的企业、个人承接工程。

2．严格进行施工方案审查

施工企业的施工方案，是指导现场施工的指导性文件，应具有很强的针对性和可操作性。施工方案中对施工期间的人员安排、进度计划、施工机具配备、现场施工条件等应作明确规定，还应制定切实可行的质量保证措施和安全保障措施。监理应根据国家规范和设计文件要求，认真审查施工方案的完备性和可行性。

3．认真把好设备、材料进场验收关

设备进场后，监理人员应进行认真验收。根据国家规范要求，设备进场验收分为主控项目和一般项目。

(1) 主控项目主要有：

1）随机文件必须齐全，如土建布置图、产品出厂合格证等；
2）技术资料应齐全，如门锁装置、限速器、安全钳、缓冲器、自动扶梯梯级或踏板的型式试验报告，自动扶梯、自动人行道的扶手带、胶带的断裂强度报告等。
如果是进口设备，还具有商检报告、报关单等文件。
（2）一般项目有：
1）随机文件还应提供装箱单、安装使用维护说明书、动力电路、安全电路的电气原理图、液压系统的原理图等；
2）设备零部件与装箱单内容相符；
3）设备外观没有明显损坏等。
如果是进口设备，除了用所在国语言印制的使用说明外，还应有中文使用说明书。

4. 认真把好工序验收关

电梯安装的工序验收内容很多，为了确保安装工程质量，特别要抓好关键部位、关键工序的验收工作。监理人员应重点做好如下几方面工作：
（1）土建交接检验；
（2）主机安装验收；
（3）导轨补充安装验收；
（4）悬挂装置安装验收；
（5）轿厢、门系统的安装验收；
（6）电气装置的安全验收；
（7）安全装置的安装验收；
（8）单车调试（试运行）验收；
等等。

5. 认真把好电梯安装分部工程验收关

在工序验收分项工程验收的基础上，监理人员应进行认真的分部工程验收。分部工程验收要注意几条：
（1）所有分项工程验收全部合格，特别是各电梯有关的运行试验、超载试验、安全钳试验、缓冲器试验、额定速度试验、平层准确度试验等全部达到设计要求。
（2）质量控制的资料应完整。
（3）观感质量符合规范要求。

（四）电梯工程质量监理对监理人员的要求

电梯工程不同于一般的土建工程和安装工程，具有较强的专业性和复杂性。相对而言，监理企业土建、安装专业监理人员较富裕，而电梯专业人员紧缺。因此，有重点地培养电梯专业的监理人员具有重大现实意义。作为电梯监理人员，应具备如下几方面基本素质：

1. 具有较宽的知识面和机械、电气、自动控制方面的专业基础知识。电梯工程以建筑物实体为依托，与土建、安装专业密不可分。同时，电梯产品本身是机电一体化的产品，在电梯生产过程、安装过程中，对机械制造精度、安装精度，对电气元件的可靠度，对控制系统的灵敏度、准确度都有极高的要求。在监理过程中，监理人员必须把握那些影响电梯运行可靠性、平稳性、安全性的关键技术环节，才能监理到点子上，才能抓住"牛鼻子"，真正把影响质量问题的关键环节控制住，让施工队伍心服口服。

2. 具有较丰富的监理工作经验。由于电梯工程具有相对独立、相对特殊的性质,对监理人员也提出了更高的要求。对影响电梯安装质量的关键环节,如何做好预控工作;当电梯安装与土建、安装专业发生冲突时如何协调;产生合同纠纷时如何处理;等等,都需要监理人员根据监理规范的要求,和自己的工作经验进行判断、处理。没有较丰富的监理经验,往往难以及时、妥善地处理电梯施工出现的各种问题。及时向总监请示、汇报是必要的;但作为电梯工程的监理人员,首先应具有独当一面的工作能力。

3. 具有较强的工作责任心。监理人员爱岗敬业是基本要求。但是电梯安装工程涉及人身财产安全、责任重大。监理人员必须有强烈的工作责任心和事业感,认真做好各项监理工作。监理前要熟悉国家相关规范、标准和设计要求,熟悉土建布置图和动力系统、电力系统的图纸要求,明确监理的内容,质量控制的要点;监理过程中,要胆大、心细,认真把好设备、材料验收和工序验收的每一道关;监理后,要认真检查竣工资料,并做好监理小结。要克服那种认为"反正技术监督部门会验收把关的","监理工作无所谓"的错误态度,认真负责地把电梯工程质量监理工作抓起来。

4. 具有科学的工作作风。电梯工程涉及多门专门技术,监理人员不可能对安装过程所有的技术问题都很精通。这就要求我们在坚持规范标准、坚持监理程序的基础上,还要逐步学懂弄通电梯的有关理论基础、工作原理、具体安装、操作规程方法,不能不懂装懂,瞎指挥。对那些较为新颖的电梯种类,如液压电梯、高速电梯等,更要先学一步、多懂一点,以便监理时能切实解决问题。

我们认为,尽管电梯工程质量监理有一定的专业性和复杂性,只要监理人员积极努力,认真对待,就一定能搞好监理工作,保证电梯安装工程达到质量标准。

第一篇 建筑电气工程质量监理

第一章 布线系统质量监理

第一节 配线工程

一、材料要求

电气材料质量对建筑电气工程的质量、安全至关重要,监理人员应高度重视。

(一) 电线导管

电线导管进入现场应有出厂合格证与质量证明书,其化学成分、力学性能应达到相应材料标准。

1．钢导管要求：

(1) 外观应无压扁,内壁光滑。非镀锌钢管应无严重锈蚀,按制造标准出厂的油漆完整。镀锌钢导管镀层完整,表面无锈斑。

(2) 非镀锌钢导管的内外壁都应作防腐涂漆处理。埋入混凝土的非镀锌钢导管外壁可不作防腐处理。直埋于土层内的钢管外壁应涂两层沥青。

(3) 加工后的钢导管不应有折扁和裂纹,管内无铁屑和毛刺。切断后的管口应平整、光滑。

(4) 加工后的镀锌钢管、局部镀锌层破坏处应补漆。

2．绝缘导管

建筑工程中使用的绝缘导管主要是塑料管,其不应敷设在高温和易受机械损伤的场所。其材料要求：

(1) 绝缘导管及配件必须由经过阻燃处理的材料制成,其外壁应有间距不大于1m的连续阻燃标志和制造厂标。

(2) 绝缘导管及配件运至现场时不应有外损与碎裂。

(3) 绝缘导管及配件所用的专用胶粘剂应质量可靠,粘接牢固。

(4) 绝缘导管施工时应有配套的施工机具,切断后的管口应平整、光滑。弯管圆滑过渡,无明显折皱、扁、瘪现象。

(二) 线槽

线槽应敷设于干燥和不易受机械损伤的场所。线槽按材料分有钢制线槽和塑料线槽。线槽进场时应按批交验出厂合格证与检测证明。其要求：

1．线槽外观检查应部件齐全,表面光滑,不变形。

2. 钢制线槽涂层完整,无锈蚀。
3. 塑料线槽必须经阻燃处理,外壁应有间距不大于 1m 的连续阻燃标记和制造厂标。
4. 线槽的切断应用钢锯或砂轮切割机进行,不得用气割。线槽切断后切口应锉平。
5. 线槽的出线口应用开孔机开口,并应锉光滑。

(三) 槽板

槽板配线在大型公用建筑已基本不用,在一般民用建筑或有些建筑的修复工程中,以及个别地区仍有较多使用。槽板进场时应按批交验出厂合格证与检测证明,其要求:

1. 外观检查槽板内外应平整光滑,塑料槽板无扭曲变形,木槽板无劈裂。
2. 木槽板应涂绝缘漆和防火涂料,塑料槽板应有阻燃标识。

(四) 钢索要求:

1. 按批交验出厂合格证与检测证明。
2. 应采用镀锌钢索,不应采用含油芯的钢索。镀锌层覆盖完整无锈斑,无砂眼。
3. 钢索的钢丝直径应小于 0.5mm,钢索不应有扭曲和断股等缺陷。
4. 在潮湿、有腐蚀介质及易积聚纤维灰尘的场所,应采用带塑料护套的钢索。

(五) 电线要求:

1. 按批查验合格证,合格证要有生产许可证编号,按《额定电压 450/750V 及以下聚氯乙烯绝缘电缆》(GB 5023.1—5023.7)标准生产的产品有安全认证标志。
2. 外观包装完好,电线绝缘层完整无损,厚度均匀。
3. 现场施工不损坏绝缘,不伤芯线。

二、施工工艺要求

(一) 管内穿线

管内穿线是建筑电气工程中最常用的配线方式,是施工中监理的重点。

1. 施工流程

测量定位→选管→下料加工→管子连接→固定→检验导线→导线穿管到位→电气性能测试→连接电气设备、器具。

2. 电线导管敷设质量要求

电线导管种类较多,按材料性质来分有钢导管与绝缘导管。钢导管按表面处理不同分镀锌钢管和黑铁管;按壁厚不同分为薄壁和厚壁钢管。薄壁钢管适用于干燥场所明敷或暗敷;厚壁钢管适用于潮湿、易燃、易爆或埋在地下等场所。镀锌钢管用于需耐久、美观场所。PVC绝缘导管最适合用于有酸、碱等腐蚀介质的场所。电线导管敷设需满足下列要求:

(1) 金属导管严禁对口熔焊连接;镀锌钢管和壁厚小于 2mm 的钢导管不得用套管熔焊连接。

(2) 金属的导管必须接地(PE)或接零(PEN)可靠,并符合下列规定:

1) 镀锌的钢导管,可挠性导管不得熔焊跨接接地线,以专用接地卡跨接的两卡间连线为铜芯软导线,截面积不小于 $4mm^2$。

2) 为非镀锌钢导管采用螺纹连接时,连接处的两端用不小于 $\phi6$ 的圆钢焊跨接接地线;当镀锌钢导管采用螺纹连接时,连接处的两端用专用接地卡固定跨接接地线。

(3) 室外导管的管口应设置在盒箱内。所有管口在穿入电线后应作密封处理。壁厚小于等于 2mm 的钢电线导管不应埋设于室外土壤内。

(4) 进入落地室柜、台、箱、盘内的导管管口,应高于台、箱、盘的基础面 50～80mm。

(5) 明配导管应排列整齐,横平竖直,固定点间距均匀,安装牢固;在终端、弯头中点或柜、台、箱等边缘的距离 150～500mm 范围内设有管卡,中间直线段管卡间的最大距离符合表 1-1:

管卡间最大距离 表 1-1

敷设方式	导管种类	导管直径（mm）				
		15～20	25～32	32～40	50～65	65 以上
		管卡间最大距离(m)				
支架或沿墙明敷	壁厚＞2mm 刚性导管	1.5	2.0	2.5	2.5	3.5
	壁厚≤2mm 刚性导管	1.0	1.5	2.0	—	—
	刚性绝缘导管	1.0	1.5	2.0	2.0	2.0

(6) 防爆导管敷设应符合下列规定:

1) 导管间与灯具、开关、线盒等的螺纹连接处紧密牢固,除设计有特殊要求外,连接处不跨接接地线,在螺纹上涂以电力复合脂或导电性防锈脂。

2) 安装牢固顺直,镀锌层锈蚀或剥落处做防腐处理。

(7) 绝缘导管敷设应符合下列规定:

1) 管口平整光滑;管与管、管与盒(箱)等器件采用插入法连接时,连接处结合面涂专用胶粘剂,接口牢固密封。

2) 直埋于地下或楼板内的刚性绝缘导管,在穿出地面或楼板易受机械损伤的一段,采取保护措施。

(8) 金属、非金属柔性导管敷设应符合下列规定:

1) 刚性导管经柔性导管与电气设备、器具连接,柔性导管的长度在动力工程中不大于 0.8m,在照明工程中不大于 1.2m;

2) 可挠金属管或其他柔性导管与刚性导管或电气设备、器具间的连接采用专用接头;复合型可挠金属管或其他柔性导管的连接处密封良好,防腐液覆盖层完整无损。

3) 可挠性金属导管和金属柔性导管不能做接地(PE)或接零(PEN)的接续导体。

(9) 导管在建筑物变形缝处,应设补偿装置。

3. 电线穿管的质量要求

(1) 电线穿管前,应清除管内杂物和积水。管口应有保护措施,不进入接线盒(箱)的垂直管口穿入电线后,管口应密封。

(2) 不同回路,不同电压等级和交流与直流的电线,不应穿于同一导管内;同一交流回路的电线应穿于同一金属导管内,且管内电线不得有接头。

(3) 爆炸危险环境照明线路的电线额定电压不得低于 750V,且电线必须穿于钢导管内。

(4) 当采用多相供电时,同一建筑物、构筑物的电线绝缘层颜色选择一致,即保护地线(PE 线)应是黄绿相间色,零线用淡蓝色;相线用:A 相—黄色、B 相—绿色、C 相—红色。

(5) 低压电线,线间和线对地间的绝缘电阻必须大于 $0.5M\Omega$。

(6)电线接线必须正确,并联运行电线的型号、规格、长度、相位一致。

(二)线槽配线

1．施工流程：

放线定位→安装支架→线槽加工→放线→导线绑扎→安装盖板→绝缘电阻测试

2．线槽敷设的质量要求

(1)金属线槽必须接地(PE)或接零(PEN)可靠,并符合下列规定：

1)金属线槽不作设备的接体导体,当设计无要求时,金属线槽全长不少于2处与接地(PE)或接零(PEN)干线连接；

2)非镀锌金属线槽间连接板的两端跨接铜芯接地线,截面不小于$4mm^2$,不得熔焊跨接接地线。镀锌线槽间连接板的两端不跨接接地线,但连接板两端不小于2个有防松螺帽或防松垫圈的连接固定螺栓。

(2)线槽安装牢固,无扭曲变形,紧固件的螺母应在线槽外侧。

(3)线槽敷设应平直整齐,连接应连续无间断,每节槽的固定点不应少于两个,在转角,分支处和端部均应有固定点,并应紧贴墙面。

(4)线槽接口应平直、严密,槽盖应齐全、平整、无翘角。

(5)线槽在建筑物变形缝处,应设补偿装置。

3．线槽敷线的质量要求

(1)电线在线槽内有一定余量,不得有接头。电线按回路编号分段绑扎,绑扎点间距不应大于2m。

(2)同一回路的相线和零线,敷设于同一线槽内。

(3)同一电源的不同回路无抗干扰要求的线路可敷设于同一线槽内；敷设于同一线槽内有抗干扰要求的线路用隔板隔离,或采用屏蔽电线且屏蔽护套一端接地。

(三)槽板配线

1．施工程序：

放线定位→打过墙孔→槽板加工→安装底板→放线→加盖板→绝缘电阻测试

2．槽板敷设的质量要求

(1)槽板敷设应紧贴建筑物表面,且横平竖直、固定可靠,严禁用木楔固定。

(2)槽板底板固定点间距应小于500mm；槽板盖板固定点间距应小于300mm；底板距终端50mm和盖板距终端30mm处应固定。

(3)槽板的底板接口与盖板接口应错开20mm,盖板在直线段和90°转角处应成45°斜口对接,T形分支应成三角叉接,盖板应无翘角,接口应严密整齐。

(4)槽板穿过梁、墙和楼板处应有保护套管,跨越建筑物变形缝处槽板应设补偿装置,且与槽板结合严密。

3．槽板敷线的质量要求

(1)槽板内电线无接头,电线连接设在器具处；器具盖内不应挤伤导线的绝缘层。

(2)槽板与各种器具连接时,电线应留有余量,器具底座应压住槽板端部。

(四)钢索配线

1．施工流程

放线定位→固定终端环→安装钢索→导线敷设→绝缘电阻测试

2．钢索敷设的质量要求

（1）钢索的终端拉环埋件应牢固可靠，钢索与终端拉环套接处应采用心形环，固定钢索的线卡不应少于2个，钢索端头应用镀锌钢丝绑扎紧密，且应接地(PE)或接零(PEN)可靠。

（2）当钢索长度在50m及以下时，应在钢索一段装设花篮螺栓紧固。

（3）钢索中间吊架间距不应大于12m，吊架与钢索连接处的吊钩深度不应小于20mm，并应有防止钢索跳出的锁定零件。

（4）电线在钢索上安装后，钢索应承受全部荷载，且钢索表面应整洁，无锈蚀。

3．钢索敷线的质量要求

（1）钢索配线的零件间和线间距离应符合表1-2

钢索配线的零件间和线间距离(mm)   表1-2

配线类别	支持件之间最大距离	支持件与灯头盒之间最大距离
钢管	1500	200
刚性绝缘导管	1000	150
塑料护套线	200	100

（2）钢索上敷设的电线不得有松弛下垂，松紧不均的现象。

三、巡视与旁站

（一）现场巡视

本节所述监理的现场巡视主要叙述工程中经常碰到的暗管敷设、明管敷设、线槽敷设、导线敷设等。

1．暗管敷设

暗管敷设的主要部位是建筑物的混凝土楼板、梁、柱等的内部预埋，跟主体工程的混凝土浇捣同步进行。由于其量大、面广、时间紧迫，出现质量问题难以弥补，是电气监理员现场巡视的重点。顶棚内的暗管敷设按明管要求执行。砖墙内的暗管量少，与墙体砌筑同步进行。

（1）根据土建施工进度，做好每层预埋管敷设巡视前的准备：

1）看懂、看透本层及相关楼层的电气平面图及图中管线规格。敷设方式标注不清的部分，查阅系统图，施工说明等图纸，确认后标注在平面图上，作为巡视与验收的依据。

2）查阅本层建筑平面图，确定有电管埋入的墙体与梁、柱的准确尺寸，并标注在本层电气平面图上，以便查阅核对。

（2）施工机组与施工技能的巡视

施工开始阶段，监理人员应认真巡视检查承包商的施工机组与人员技能状况，如金属钢管施工时必备的弯管机、电焊机、套丝机组等是否齐全，性能是否满足要求。如弯管是否平滑，有无折皱、扁凹和裂缝；焊缝是否平滑、饱满，有否裂纹、气孔；锯管管口是否整齐，有无毛刺；套丝是否乱扣等。若不能达到要求，应及时向承包单位提出，整改达到要求方可施工。对于PVC塑料管的施工技能则较易达到要求，主要巡视检查塑料管的配件、胶水及配套施工机组（弯、切工具等）是否满足要求。

（3）导管连接质量的巡视

1）管与管的连接。施工中常见的毛病为厚壁钢管(壁厚2mm以上)对口熔焊连接，薄壁钢管(壁厚 2mm 以下)套管熔焊连接,因其直接会影响穿线的质量,引起导线绝缘的损坏,应强行禁止,已经完工的必须返工。

2)金属管与盒(箱)的连接。盒(箱)应固定牢靠,暗敷可以烧焊连接,除预埋在混凝土内的一律要作防腐处理。进入盒(箱)的导管,应在盒(箱)内外加锁母,巡视时应注意进入盒处的一段管子是否顺直,锁母能否平直到位,不允许导管歪斜进入。一个预埋盒进入的管子宜控制在 4 根以内,以保证管、盒连接质量,也便于盒内线头连接。

(4)接地跨接的巡视

钢管采用螺纹连接时,有时会遗漏烧焊跨接接地线,接地线规格尺寸、焊缝长度也不统一。巡视时应向施工员交底,接地线规格可参见表 1-3,焊缝长度按接地规范执行,即大于或等于圆钢跨接直径的 6 倍。管与盒(箱)跨接的接地线连接要求同上。施工中常出现的毛病是将盒(箱)本身作接地导体,影响了钢管接地的连续性、可靠性,这是巡视中值得重视的。

跨接线选择表(mm)　　　　　　　　　　　　　　表 1-3

公称直径		跨接线	
电线管	钢管	圆钢	扁钢
≤32	≤25	φ6	
40	32	φ8	
50	40~50	φ10	
70~80	70~80		25×4

(5)导管敷设线路的巡视

暗敷导管应根据图纸选择最近路线敷设,并尽量减少弯曲。但应避开设备或建筑物、构筑物的基础。当必须穿过时,应加保护措施。当导管经过建筑物变形缝时,巡视中应重点检查是否加设了补偿装置,补偿装置能否伸缩自如。

(6)导管敷设规格的巡视检查

重点是照明导管管径的巡视检查。因电气施工图中往往不标管径,只标出穿线的数量,管径可以从设计的施工说明中查出(若施工说明中未给出穿线根数与管径对应表,则可从有关设计资料中查出)。而施工时有可能选择错误。监理人员应根据巡视前看图确认的管径来核对,发现问题及时向施工员提出,避免验收时返工,影响施工进度。

(7)导管敷设后的保护措施检查、巡视

导管敷设后的保护措施得当,往往会起到事半功倍的效果。巡视检查的重点是入墙直立管的端头是否封堵,堵头是否牢固、可靠。若不能达到要求,必须在混凝土浇捣前完成整改。对于塑料管、薄壁钢管入墙的直立管应加保护设施,防止浇捣混凝土时损坏。

(8)与土建工程配合的巡视检查

1)根据楼板、墙板的厚度,巡视检查导管敷设后能否保证混凝土保护层不小于 15mm。要求导管减少交叉,交叉部位选择恰当,交叉处不做接头,过梁尽量沿梁下敷设。

2)盒(箱)埋设时尽量不割断主筋,不可避免时应与土建施工人员协商,采取补救措施。

3)进入墙内的开关、插座、配电箱导管应根据建筑平面图量准尺寸,保证导管埋入墙内。

(9)与弱电工程配合的巡视检查

1) 注意灯头盒埋设位置离开烟感探头预埋盒 50mm 以上。
2) 注意电视信号插座管与电源管在同一面墙的靠近位置敷设。
3) 注意电脑信号插座管与电源插座管在同一面墙的靠近位置敷设。
(10) 砖墙内暗管敷设的巡视检查

砖墙内暗管敷设应与土建砌墙密切配合,通常安排在楼层混凝土浇捣基本结束阶段。监理员的巡视检查重点应为暗管的防腐处理有否遗漏,暗管埋设深度能否满足要求等。

2．明管敷设

明管敷设部位主要在建筑物的地下室、电气管道井等部位,敷设在装潢吊顶内的管子可参照明管要求检查、验收。

(1) 外观巡视检查

明管敷设要求横平竖直,美观整齐。非镀锌钢管及其支架、管卡等附件一律要求涂漆防腐,凡有烧焊处都应补漆。

(2) 明管固定点间距巡视检查

为了保证电气线路有足够的机械强度,防止穿线时,管子发生移位脱落现象,应对明管固定点间距作认真检查。施工中通病是间距过大,尤其是导管终端、弯头中点或柜、台、箱、盘等边缘的支点间距常超过规范(大于 500mm)要求,应在巡视中重点控制。

(3) 明配镀锌钢管施工的巡视检查

建筑电气设计中,为了美观耐久,在明管敷设中常用镀锌钢管。但施工中为了方便,常采用套管熔焊的连接方式,或导管采用丝扣连接,跨接接地线用熔焊法,这必然引起破坏内外表面的锌保护层。外表面可用刷油漆补救,而内表面则无法刷漆,所以监理人员巡视检查中应执行镀锌钢管不得烧焊的规定。

(4) 金属软管施工中的巡视检查

由于顶棚内敷设的刚性导管不能准确接入电气设备器具,常采用金属软管或其他柔性导管。金属软管施工中的常见通病有用管超长(照明线路大于 1.2m,动力线路大于 0.8m);不用专用接头或专用接头脱落;不做跨接接地线或不采用接地卡固定跨接接地线;金属软管断裂、破损等。监理员现场巡视时应对发现的问题做记录,及时口头或书面通知施工人员整改。

3．线槽敷设

(1) 线槽敷设外观巡视检查

明敷线槽要求横平竖直,美观整齐。非镀锌金属线槽要求安装后涂漆完整,脱落处及时除锈补漆,颜色与原漆一致协调。

(2) 线槽接地巡视检查

非镀锌金属线槽间连接板的两端跨接铜芯接地线,由于数量多,范围大,往往会有遗漏,巡视中应引起重视。铜芯接地线的截面新规范已由 2.5mm^2 改为 4mm^2,而且要求铜芯软导线,监理员必须牢固掌握,认真检查。

(3) 线槽与导管的连接巡视检查

线槽与导管的连接处应用开孔机开孔,不得气割、烧焊,线槽与导管的连接应采用金属接头,导管的跨接接地线宜采用铜芯线,与线槽接地螺钉连接。

(4) 线槽的防干扰措施等的巡视检查

线槽内部线较多,往往会产生相互干扰,特别是强电线路对弱电线路的干扰,弱电线路也会相互干扰,监理人员巡视前熟悉强、弱电图纸,发现问题时应及时与业主、承包商取得联系,对有抗干扰要求的线路同槽敷设时,应加隔板隔离,导线进入盒(箱)时也应采取隔离措施。

线槽安装时,紧固件多,有时会将螺母放入线槽内侧,敷线时易损坏导线的绝缘保护层,监理人员巡视时,应引起重视。

4. 导线敷设

(1) 导线敷设前的准备情况巡视

为了确保导线的绝缘层不受损伤,敷线前应疏通、清理导管、线槽等外保护装置,做到管(槽)内无积水、无杂物,管口、槽内光滑、无毛刺,导线畅通无阻。

(2) 管内穿线的现场巡视

1) 现场施工中,不同电压等级或交流与直流电线穿入同一根导管的毛病很少出现。但不同回路的电线穿入同一管内则发生较多。特别是装潢更改设计后,增加灯具较多,有时会将不同回路的电线穿入同一根导管内,巡视应将此作为一个质量控制点。

2) 屋顶及底层室外工程中(如泛光照明、音乐喷泉等),有的直立管(不进入盒、箱)穿线后管口不封堵或封堵不严,致使管内进水影响绝缘与使用寿命,巡视时应多加注意。

(3) 线槽敷线的现场巡视

1) 线槽敷线的通病是导线不留余量,不绑扎或绑扎间距大于2m,巡视时应严加控制。

2) 对敷设于同一线槽内有抗干扰要求的线路,应在施工前与甲方、设计部门取得联系,采取加隔板等隔离措施,巡视中若发现漏装或质量不符合要求应及时向施工人员提出。

(4) 导线连接质量的巡视

1) 导线接头应在盒(箱)内,不得在管、槽等处做接头,管内穿线时应在现场察看,对有怀疑的可进行抽查。槽内等处敷线的检查一般在盖板安装前进行。

2) 目前施工中大都采用套管压接与锡焊连接法做导线接头。由于套管连接简单易行,质量也可保证,已被广泛采用。监理巡视时常用的比较直观的初步检查方法是用力拉扯套管,若能拉脱,则根本不合要求,若拉扯不掉再检查套管连接器、压模是否与线芯规格相匹配,压接钳性能是否满足要求,压口数量和压接长度是否符合要求。对于锡焊连接的焊缝应饱满,表面光滑;焊剂应无腐蚀性,焊接后应清除残余焊剂。

(5) 导线绝缘层颜色等的巡视检查

1) 导线绝缘层的不同颜色规定是为区别不同功能而设定的,以便安装维修时识别,不易出错。保护接地线(PE)是全世界统一的,必须绝对保证,以便与国际接轨。在实际施工应用中,PE线(黄绿相间色)、N线(淡蓝色)易于保证,而三种相线的颜色由于相序及材料采购等方面的原因往往出现偏差,但同一相的颜色应保持一致。个别情况为了节省材料,承包商在征得业主、监理方同意的前提下,采用导线端部设置色标以示区别的方法进行补救也可商榷。

2) 根据不同颜色的导线就能方便判断其使用功能,巡视中据此可注意敷线时相线是否进了开关,单相插座、三相插座等进线是否符合设计与规范要求。

(二) 旁站监理

电线及其管、槽敷设过程中,一般不需要进行旁站。通常在开始阶段,为了摸清承包商派遣的施工队伍实力,对其人员素质、施工机具、操作技能、施工质量等,可作短期旁站。在此期间应从严要求,待步入正规,即可改为巡视检查。待敷线结束,电气设备、器具安装前,应要求对线路进行绝缘测试,并附测试记录签字、认证。根据规范要求低压电线线间和线对地的绝缘电阻值必须大于0.5MΩ,否则不能通过,经返工整改达到要求后,才能进行下一道工序。

四、见证取样与试验

见证取样或试验的项目一般包括:导管的取样、线槽的取样、电线的取样等。

(一) 导管的取样抽查

承包商报验时,监理员应按批抽测导管管径、壁厚、均匀等是否符合要求,采用工具为直尺、千分卡等。对镀锌钢管与涂漆钢管应锯断抽查内壁镀锌或涂漆质量;对绝缘导管阻燃性能有异议时,应按批抽样送有资质的试验室检测,现场常采用简易方法进行初步试验,即将抽查的绝缘导管切割一小段,明火点燃,撤去明火视其能否延燃,若不能延燃,可认为符合阻燃要求。

(二) 线槽的取样

金属线槽的质量控制标准参照机械工业部控配电用电缆桥架(JB/T 10216—2000)有关规定。监理人员主要应按批抽测线槽宽度、厚度等,金属线槽板厚标准,参照金属桥架,见表1-11。采用工具为直尺、千分卡等,抽测板厚时注意各点误差是否符合板材标准。

(三) 电线的取样

监理人员按制造标准,现场抽样检测电线绝缘层厚度和圆形线芯的直径;线芯直径误差不大于标准直径的1%;常用的BV型绝缘电线的绝缘层厚度不小于表1-4的规定,主要测量工具采用千分卡。

BV型绝缘电线的绝缘层厚度 表1-4

序号	1	2	3	4	5	6	7	8	9	10	11	12	13	14	15	16	17
电线芯线标称截面积(mm^2)	1.5	2.5	4	6	10	16	25	35	50	70	95	120	150	185	240	300	400
绝缘层厚度规定值(mm)	0.7	0.8	0.8	0.8	1.0	1.0	1.2	1.2	1.4	1.4	1.6	1.6	1.8	2.0	2.2	2.4	2.6

对电线绝缘性能、导电性能和阻燃性能有异议时,按批抽样送有资质的试验室检测。若当地质检部门对抽样有专门规定,应执行地方规定。

五、验收

电线敷设工程周期长,工作量大,涉及面广。通常采用分类、分批的验收方法。

(一) 混凝土预埋管的验收

混凝土楼板、剪力墙、梁、柱的浇捣是主体工程的核心,也是其最大最重要的部分。其间设备预埋部分以电气导管最多,电气导管预埋的施工与验收要与土建密切配合,必须抓紧抓狠,以保证跟上土建的总体进度。一般是每浇捣一层混凝土,验收一次。由于在混凝土内预埋导管是一项永久性隐蔽工程,质量缺陷无法弥补,所以验收时不得有丝毫马虎,必须严格把关。验收程序是承包商首先自检,在自检合格的基础上填报隐蔽验收单报监理验收,监理接到隐蔽验收单后方可验收。

混凝土预埋管的验收通常由监理员执行,监理工程师在开始阶段或重要部位可作指导与检查。现场验收前,监理员可根据图纸向施工员了解自检与整改情况,然后根据平时巡视与施工员自检情况,确定验收线路与重点。对于地下室与裙房的验收,由于各层结构、功能不同,要求按图全面验收,根据图纸核对预埋管与盒(箱)的位置、规格、数量、连接是否正确,按规范要求重点检查金属管的接地、相互连接是否满足要求,核对进入开关、插座、配电箱导管的尺寸是否与土建墙体一致。进入标准层后可逐渐采用抽检办法进行验收。验收合格后应签字上报监理工程师、总监理工程师,以便协调进行下一道工序。埋入墙体的暗管一般不作单独验收,主要是通过巡视检查控制质量。

(二) 明管敷设验收

明管敷设一般在主体结束或快结束阶段进行。对于地下室与电气管道井的明管一般作一次验收,合格后办一次工序验收签证。对于吊顶内的导管敷设,应按照明管标准验收。由于其常由装潢单位按层承包,验收通常也是根据不同承包单位分开验收。验收合格后按承包单位分别签证。明管验收时除有暗管的一般要求外,重点要求其美观、整齐,吊架或管卡设置均匀,间隔距离等符合规范要求。

(三) 导线敷设验收

导管、线槽、槽板、钢索等都是为了支衬与保护电线而设置的。由于槽板与钢索布线工程中用得较少,主要根据规范验收,这里就不再多述了。导线敷设前必须其支衬与保护设施到位,验收合格后方能进行后续施工。

导线敷设的最终质量要求是施工中不损坏绝缘,运行时导线温度正常,管理、维修方便。所以其验收的主要质量要求应为相与相、相对地绝缘电阻大于 $0.5M\Omega$,其通常是用经监理签证的测试资料作验收资料,通电前再复测一次。另外验收时应根据巡视与旁站资料,对导线的连接质量、连接位置以及导线色标等有重点地复查一次,若一切符合要求即可通电试运行。试运行考验合格后即为导线敷设通过验收。

第二节 电缆敷设工程

一、材料要求

(一) 电缆桥架应符合下列规定:

1. 查验合格证

2. 外观检查:部件齐全,表面光滑、不变形;钢制桥架涂层完整,无锈蚀;玻璃钢制桥架色泽均匀,无破损碎裂;铝合金桥架涂层完整,无扭曲变形,不压扁,表面不划伤。

(二) 电缆应符合下列规定:

1. 按批查验合格证,合格证有生产许可证编号,按《额定电压 450/750V 及以下聚氯乙烯绝缘电缆》(GB 5023.1—5023.7)标准生产的产品有安全认证标志。

2. 外观检查:包装完好,厚度均匀。电缆无压扁、扭曲、铠装不松卷。耐热、阻燃电缆外护层有明显标识和制造厂标。

3. 按制造标准,现场抽样检测绝缘层厚度和圆形线芯的直径;线芯直径误差不大于标称直径的 1%。

(三) 电缆导管材料要求同电线导管

（四）电缆头部件及接线端子应符合下列规定：
1．查验合格证
2．外观检查：部件齐全，表面无裂纹和气孔，随带的袋装涂料或填料不泄漏。

二、施工工艺要求

（一）电缆桥架安装和桥架内电缆敷设

1．施工流程

放线定位→安装支（吊）架→安装桥架→桥架调整→电缆敷设→电缆绑扎→上盖板→绝缘电阻测试

2．质量要求

（1）金属电缆桥架及其支架和引入或引出的金属电缆导管必须接地（PE）或接零（PEN）可靠，且必须符合下列规定：

1）金属电缆桥架及其支架全长应不少于2处与接地（PE）或接零（PEN）干线相连接；

2）非镀锌电缆桥架间连接板的两端跨接铜芯接地线，接地线最小允许截面积不小于$4mm^2$；

3）镀锌电缆桥架间连接板的两端跨接接地线，但连接板两端不少于2个有防松螺帽或防松垫圈的连接固定螺栓。

（2）电缆敷设严禁有绞拧、铠装压扁、护层断裂和表面严重划伤等缺陷。

（3）电缆桥架安装应符合下列规定：

1）直线段钢制电缆桥架长度超过30m，铝合金或玻璃钢制电缆桥架长度超过15m，设有伸缩节；电缆桥架跨越建筑物变形缝处设置补偿装置；

2）电缆桥架转弯处的弯曲半径，不小于桥架内电缆的最小允许弯曲半径，电缆最小允许弯曲半径见表1-5。

电缆最小允许弯曲半径　　　　　表1-5

序　号	电　缆　种　类	最小允许弯曲半径
1	无铅包钢铠护套的橡皮绝缘电力电缆	10D
2	有钢铠护套的橡皮绝缘电力电缆	20D
3	聚氯乙烯绝缘电力电缆	10D
4	交联聚氯乙烯绝缘电力电缆	15D
5	多芯控制电缆	10D

注：D为电缆外径

3）当设计无要求时，电缆桥架水平安装的支架间距为1.5～3m；垂直安装的支架间距不大于2m；

4）桥架与支架间螺栓、桥架连接板螺栓固定紧固无遗漏，螺母位于桥架外侧；当铝合金桥架与钢支架固定时，有相互间绝缘的防电化腐蚀措施；

5）电缆桥架敷设在易燃易爆气体管道和热力管道的下方，当设计无要求时，与管道的最小净距，符合表1-6的规定：

与管道的最小净距(m)　　　　　　　　表 1-6

管道类别		平行净距	交叉净距
一般工艺管道		0.4	0.3
易燃易爆气体管道		0.5	0.5
热力管道	有保温层	0.5	0.3
	无保温层	1.0	0.5

6）敷设在竖井内和穿越不同防火区的桥架，按设计要求位置，有防火隔堵措施；

7）支架与预埋件焊接固定时，焊缝饱满；膨胀螺栓固定时，选用螺栓适配，连接紧固，防松零件齐全。

(4) 桥架内电缆敷设应符合下列规定：

1）大于 45°倾斜敷设的电缆每隔 2m 处设固定点；

2）电缆出入电缆沟、竖井、建筑物、柜（盘）台处以及管子管口处做密封处理；

3）电缆敷设排列整齐，水平敷设的电缆，首尾两端、转弯两侧及每隔 5～10m 处设固定点；敷设于垂直桥架内的电缆固定点间距，不大于表 1-7 的规定。

电缆固定点的间距(mm)　　　　　　　　表 1-7

电缆种类		固定点的间距
电力电缆	全塑型	1000
	除全塑型外的电缆	1500
控制电缆		1000

(5) 电缆的首端、末端和分支处应设标志牌。

(二) 电缆沟内和电缆竖井内电缆敷设

1．工艺流程

土建交接→制作电缆支架→安装支架→敷设电缆→绑扎→设标志牌→绝缘电阻测试（或耐压试验）→上盖板

2．质量要求

(1) 金属电缆支架、电缆导管必须接地(PE)或接零(PEN)可靠。

(2) 电缆敷设严禁有绞拧、铠装压扁、护层断裂和表面严重划伤等缺陷。

(3) 电缆支架安装应符合下列规定：

1）当设计无要求时，电缆支架最上层至竖井顶部或楼板的距离不小于 150～200mm；电缆支架最下层至沟底或地面的距离小于 50～100mm；

2）当设计无要求时，电缆支架层间最小允许距离符合表 1-8 的规定：

电缆支架层间最小允许距离(mm)　　　　　　　　表 1-8

电缆种类	支架层间最小距离
控制电缆	120
10kV 及以下电力电缆	150～200

3）支架与预埋件焊接固定时，焊缝饱满；用膨胀螺栓固定时，选用螺栓适配，连接禁固，

防松零件齐全。

(4) 电缆在支架上敷设,转弯处的最小允许弯曲半径应符合本规范表 1.5 的规定。

(5) 电缆敷设固定应符合下列规定:

1) 垂直敷设或大于 45°倾斜敷设的电缆在每个支架上固定;

2) 交流单芯电缆或分相后的每相电缆固定用的夹具和支架,不形成闭合铁磁回路;

3) 电缆排列整齐,少交叉;当设计无要求时,电缆支持点间距,不大于表 1-9 的规定。

电缆支持点间距(mm)　　　　表 1-9

电缆种类		敷设方式	
		水平	垂直
电力电缆	全塑型	400	1000
	除全塑型外的电缆	800	1500
控制电缆		800	1000

4) 当设计无要求时,电缆与管道的最小净距,符合本规范表 1-6 的规定,且敷设在易燃易爆气体管道和热力管道的下方;

5) 敷设电缆的电缆沟和竖井,按设计要求位置,有防火隔堵措施。

6) 电缆的首端、末端和分支处应设标志牌。

(三) 电缆穿管敷设

电缆穿管与电线穿管的施工工艺要求基本一致,有不同要求的有下列几点:

1. 电缆导管的弯曲半径不应小于电缆最小弯曲半径,最小弯曲半径不应小于表 1-5 的规定。

2. 电缆穿管前,应清除管内杂物和积水,管口应有保护措施。所有管口在穿入电缆后应作密封处理。

3. 室外埋地敷设的电缆导管,埋深不应小于 0.7m。

4. 三相或单相的交流单芯电缆,不得单独穿入钢导管内。

5. 爆炸危险环境照明线路的电缆额定电压不得低于 750V。

(四) 电缆头制作、接线和线路绝缘测试

1. 工艺流程

备料→定位→剥削外护层→导体连接→包绕绝缘→封铅→绝缘测试

2. 质量要求

(1) 高压电力电缆直流耐压试验必须符合现行国家标准《电气装置安装工程电气设备交接试验标准》(GB 50150)的规定。

(2) 低压电缆,线间和线对地间的绝缘电阻值必须大于 0.5MΩ。

(3) 铠装电力电缆头的接地线应采用铜绞线或镀锡铜编织线,截面积不应小于表 1-10 的规定。

电缆芯线和接地线截面积(mm²)　　　　表 1-10

电缆芯线截面积	接地线截面积	电缆芯线截面积	接地线截面积
120 及以下	16	150 及以上	25

注:电缆芯线截面积在 16mm² 及以下,接地线截面积与电缆芯线截面积相等。

(4) 电缆接线必须准确,并联运行电缆的型号、规格、长度、相位应一致。

(5) 芯线与电器设备的连接应符合下列规定:

1) 截面积在 $10mm^2$ 及以下的单股铜芯线和单股铝芯线直接与设备、器具的端子连接;

2) 截面积在 $2.5mm^2$ 及以下的多股铜芯线拧紧搪锡或接续端子后与设备、器具的端子连接;

3) 截面积大于 $2.5mm^2$ 的多股铜芯线,除设备自带插接式端子外,接续端子后与设备或器具的端子连接;多股铜芯线与插接式端子连接前,端部拧紧搪锡;

4) 多股铝芯线接续端子后与设备器具的端子连接;

5) 设备和每个器具的端子接线不多于 2 根电线。

(6) 电线电缆的芯线连接金具(连接管和端子),规格应与芯线的规格适配,且不得采用开口端子。

(7) 电线、电缆的回路标志应清晰,编号准确。

三、巡视与旁站

(一) 现场巡视

1. 电缆桥架安装和桥架内电缆敷设

(1) 电缆桥架安装外观巡视检查

电缆桥架使用较线槽更为广泛,而且大部分为明敷或吊顶内敷设,其外观要求较高。巡视中注意桥架安装是否横平竖直;桥架拼装后是否成一条直线与墙体平行;是否达到美观整齐要求。桥架安装后要求不扭曲变形,不碰坏涂漆层或镀锌层。若有损坏,则要补漆,其颜色要与原色彩一致协调。支架安装要求牢固、可靠,间距合理,满足规范规定。桥架的开孔一律用开孔机,不得随意气割,金属桥架接地、跨接一律不得烧焊。

(2) 桥架接地巡视检查

金属桥架接地要求在新规范中已被列为强制性执行条文,必须严格执行。巡视中应注意金属桥架及其支架全长是否作了两处接地,接地是否牢固可靠。对于桥架中的引入、引出导管,应注意金属导管的跨接接地线有无遗漏。金属桥架之间的跨接接地线新规范也作了增强,最小截面由原 $2.5mm^2$ 的铜芯线增至 $4mm^2$,应在施工中严格执行。

(3) 电缆桥架设置伸缩节的巡视检查

新规范中对电缆桥架设置伸缩节提出了具体要求,每个监理人员应认真学习掌握。监理员巡视中应注意,直线段钢制桥架超过 30m,铝合金或玻璃钢制电缆桥架超过 15m 是否设置了伸缩节,如若未按规范执行应及时向承包商提出。

(4) 电缆桥架安装位置及转弯角度巡视检查

电缆桥架安装过程中,常会碰到与其他工艺管道位置上的矛盾,特别是变电所的出线及楼层走道位置。监理员应结合图纸密切注意,小问题可在现场协调解决。大问题应向监理工程师反映,召开相关工种的协调会,以保证桥架的安装位置与管道间距符合规范要求。为了保证电缆的转弯半径达到要求,巡视时应注意检查桥架的转弯半径,若有怀疑,应与承包商共同测量、检查,确认符合要求后,方能继续进行下一工序。

(5) 电缆敷设质量的巡视检查

1) 桥架内敷设电缆时,为了提高效率,节省时间,一般都是集中人力、物力,多根电缆一次敷设,有时注意不够会损坏电缆绝缘。监理人员应加强巡视与检查的力度,严禁出现电缆绞拧、铠装压扁、护层断裂和表面严重划伤等现象发生。电缆转弯时,应保证转弯半径符合要求,严禁乱敲或强力硬弯,以防损坏绝缘。巡视中若发现问题,应及时通知承包单位处理。

2) 电缆敷设后的常见通病是水平敷设电缆不绑扎,垂直桥架内电缆的绑扎间距过大及不按规定设置标志牌等,巡视中应作为重点检查目标。

2. 电缆沟内及电缆竖井内电缆敷设

(1) 电缆支架安装质量的巡视检查

无论在电缆沟内还是在电缆竖井内安装电缆,都须用支架支持与固定,因而支架安装质量、间隔尺寸、金属支架接地等是巡视检查的重点。支架与预埋件焊接时,应牢固可靠,平直美观;支架与支架间的距离是否恰当,将影响通电后电缆的散热状况是否良好,对电缆的维护检修是否方便,以及电缆弯曲时的转弯半径能否符合要求,巡视中应作为重点检查。通常采用目测法,并结合工具实际丈量,严格控制;金属支架的接地直接关系到人身与供电的安全,巡视中应注意接地线是否直接与接地干线相连,接地线规格、焊接质量是否符合要求,接地线与支架连接是否牢固、可靠,焊接长度、焊接部位及焊缝是否符合规范要求。

(2) 电缆敷设的质量巡视

1) 巡视中应密切注意电缆敷设时,有无绞拧、铠装压变、护层断裂和表面严重划伤等现象,一经发现应及时通知承包单位,迅速处理。

2) 注意电缆垂直敷设或大于45°倾斜敷设的固定是否可靠,交流单芯或分相后每相电缆在支架上固定时,夹具与支架不可形成闭合铁磁回路,以免产生涡流发热,影响通电时正常运行。

3) 电缆转弯时,应用力适当,保护绝缘不受损坏,对于铠装电缆、防火电缆尤需注意,监理巡视时应作为重点。

(3) 巡视时应注意电缆与管道的最小净距符合表 1-6 要求,且电缆敷设在易燃易爆气体管道和热力管道的下方。

3. 电缆穿管敷设

电缆穿管敷设与电线穿管敷设巡视的重点与要求大致相同,主要注意电缆的转弯半径,管口的封堵、保护应符合要求,特别是室外电缆(如变电所的进线电缆)进入建筑物的管口封堵尤为重要,否则进水后会酿成大祸。如变电所进水会损坏供配电设备,造成供电停止的大事故,巡视时应特别注意。

4. 电缆头制作、接线和线路绝缘测试

(1) 电缆终端头制作的巡视

电缆终端制作时,应巡视其剥削外护层时定位是否准确;剥削时是否伤及芯线;包绝缘时是否按程序先后套绝缘手套、包绝缘带及压接线端子等;若发现偷工减料或工艺尺寸与有关规定相差过大,应及时提出,以免完工后损失增大。

(2) 电缆中间接头制作的巡视

巡视时应注意中间接头的位置,最好与承包单位协调后选择在人平时不易触及而维修方便的地方。剥削绝缘时,要求定位准确,不伤芯线;塑料接头盒应固定于压接接头的中间位置。

(3) 接线巡视时,应注意铠装电力电缆的接地线是否采用铜绞线或镀锡铜编织线,截面是否符合表 1-10 的规定。

(二) 旁站

1. 防火电缆是近年来推出的新产品,因其采用卤化物(如氧化镁)绝缘,敷设时工艺要求严格,转弯时应尽量放大转弯半径,顺其自然走向,否则易损坏绝缘。制作终端头及中间接头时要专用工具与配件,如喷灯、套管等,而且绝缘层剥削后须立即做接头,否则受潮后耐压试验便达不到要求,所以施工初期阶段,监理应跟班检查,并请生产厂家来现场指导或按供货合同要求,由厂家制作接头。

2. 变电所进线电缆穿入预埋管后(尤其地下室内),封堵极为重要,而电缆外线工程通常由供电部门施工,管理极不方便。因此变电所进线时,监理员应旁站观测、检查,一定要保证管口封堵及时,质量可靠,防止进水后损坏贵重的电气设备。

3. 高压电缆直流耐压试验、低压电缆绝缘电阻测试,监理都必须旁站检测。

四、见证取样与试验

见证取样或试验的项目一般包括:电缆桥架、高低压电缆。

1. 电缆桥架

承包商报验时,监理员应按批抽测桥架的规格、板厚等是否符合要求,目测钢制桥架的外涂层是否均匀、光滑、平整,有无起皮、裂纹、伤痕等缺陷。金属桥架板材厚度见表1-11。采用的主要测量工具为千分卡、直尺等。在进行金属桥架板厚抽检时,注意各点数据误差应在板材标准范围内。

钢制托盘、梯架允许最小板厚(mm)　　　　表1-11

托盘、梯架宽度 B	允许最小板厚	托盘、梯架宽度 B	允许最小板厚
$B<100$	1	$400\leqslant B\leqslant 800$	2
$100\leqslant B<150$	1.2	$800<B$	2.5
$150\leqslant B<400$	1.5		

2. 高、低压电缆

(1) 承包商报验时,监理员应按批抽测电缆绝缘层厚度和圆形线芯的直径;线芯直径误差不大于标称直径的1%,绝缘层厚度标准参照厂标;对电缆绝缘性能、导电性能和阻燃性能有异议时,按批抽样送有资质的实验室检测。

(2) 电缆线路施工完毕,电缆做好电缆头要做电气交接试验,高压电缆的直流耐压试验,低压电缆的绝缘电阻(>0.5MΩ)测试通过后,方能通电运行。监理员应结合旁站监理情况,认真审查资料,若有怀疑可要求承包商补做试验。

五、验收

1. 电缆桥架、电缆沟、支架、导管验收

(1) 根据图纸核对型号、规格、走向等是否符合设计要求。

(2) 根据现场巡视与旁站监理的记录,重点抽查金属电缆桥架、电缆沟金属支架、钢导管的接地、跨接线连接等是否符合要求。其他部分参照巡视记录抽查整改是否到位。

(3) 检查电缆桥架、电缆沟支架等的敷设是否横平竖直,美观整齐,所有金属部分外防腐层有无损坏,补漆是否到位。

(4) 电缆导管敷设要求参照电线导管要求。

2. 电缆敷设验收

(1) 高压电缆检查直流耐压试验是否符合国家标准(GB50150)的要求。
(2) 低压电缆检查绝缘电阻测试记录是否满足相对相、相对地的绝缘电阻大于 0.5MΩ 的要求。
(3) 根据巡视检查记录复查整改是否到位
(4) 根据图纸核对电缆型号、规格、数量是否满足设计要求。

第三节　裸母线、封闭母线、插接式母线安装

一、材料要求

1. 封闭母线、插线母线应符合下列规定：
查验合格证和随带安装技术文件；
外观检查：防潮密封良好，各段编号标志清晰，附件齐全，外壳不变形，母线螺栓搭接面平整，镀层覆盖完整，无起皮和麻面；插接母线上的静触头无缺损，表面光滑，镀层完整。

2. 裸母线、裸导线应符合下列规定：
查验合格证；
外观检查：包装完好，裸母线平直，表面无明显划痕，测量厚度和宽度符合制造标准；裸导线表面无明显损伤，不松股、扭折和断股(线)，测量线径符合制造标准。

二、施工工艺要求

(一) 施工流程与施工程序

1. 施工流程
放线定位→丈量尺寸→订货加工→支架安装→母线连接、固定→交接试验

2. 施工程序
变压器、高低压成套配电柜、穿墙套管及绝缘子等安装就位，经检查合格，才能安装变压器和高低压成套配电柜的母线；

封闭、插接式母线安装，在结构封顶、室内底层地面施工完成或已确定地面标高、场地清理、层间距离复核后，才能确定支架设置位置；

与封闭、插接式母线安装位置有关的管道、空调及建筑装修工程施工基本结束，确认扫尾施工不会影响已安装的母线，才能安装母线；

封闭、插接式母线每段母线组对接续前，绝缘电阻测试合格，绝缘电阻值大于20MΩ，才能安装组对；

母线支架和封闭、插接式母线的外壳接地(PE)或接零(PEN)连接完成，母线绝缘电阻测试和交流工频耐压试验合格，才能通电。

(二) 施工质量要求

1. 绝缘子的底座、套管的法兰、保护网(罩)及母线支架等可接近裸露导体应接地(PE)或接零(PEN)可靠。不应作为接地(PE)或接零(PEN)的接续导体。

2. 母线与母线或母线与电器接线端子，当采用螺栓搭接连接时，应符合下列规定：
母线的各类搭接连接的钻孔直径和搭接长度符合表1-12的规定，用力矩扳手拧紧钢制连接螺栓的力矩值符合表1-13的规定；

母线螺栓搭接尺寸   表1-12

搭接形式	类别	序号	连接尺寸(mm) b_1	b_2	a	钻孔要求 ϕ(mm)	个数	螺栓规格
	直线连接	1	125	125	b_1或b_2	21	4	M20
		2	100	100	b_1或b_2	17	4	M16
		3	80	80	b_1或b_2	13	4	M12
		4	63	63	b_1或b_2	11	4	M10
		5	50	50	b_1或b_2	9	4	M8
		6	45	45	b_1或b_2	9	4	M8
	直线连接	7	40	40	80	13	2	M12
		8	31.5	31.5	63	11	2	M10
		9	25	25	50	9	2	M8
	垂直连接	10	125	125	—	21	4	M20
		11	125	100~80	—	17	4	M16
		12	125	63	—	13	4	M12
		13	100	100~80	—	17	4	M16
		14	80	80~63	—	13	4	M12
		15	63	63~50	—	11	4	M10
		16	50	50	—	9	4	M8
		17	45	45	—	9	4	M8
	垂直连接	18	125	50~40	—	17	2	M16
		19	100	63~40	—	17	2	M16
		20	80	63~40	—	15	2	M14
		21	63	50~40	—	13	2	M12
		22	50	45~40	—	11	2	M10
		23	63	31.5~25	—	11	2	M10
		24	50	31.5~25	—	9	2	M8
	垂直连接	25	125	31.5~25	60	11	2	M10
		26	100	31.5~25	50	9	2	M8
		27	80	31.5~25	50	9	2	M8

续表

搭接形式	类别	序号	连接尺寸(mm) b_1	b_2	a	钻孔要求 ϕ(mm)	个数	螺栓规格
	垂直连接	28	40	40～31.5	—	13	1	M12
		29	40	25	—	11	1	M10
		30	31.5	31.5～25	—	11	1	M10
		31	25	22	—	9	1	M8

母线搭接螺栓的拧紧力矩　　　　表 1-13

序号	螺栓规格	力矩值(N·m)	序号	螺栓规格	力矩值(N·m)
1	M8	8.8～10.8	5	M16	78.5～98.1
2	M10	17.7～22.6	6	M18	98.0～127.4
3	M12	31.4～39.2	7	M20	156.9～196.2
4	M14	51.0～60.8	8	M24	274.6～343.2

(1) 母线接触面保持清洁，涂电力复合脂，螺栓孔周边无毛刺；
(2) 连接螺栓两侧有平垫圈，相邻垫圈间有大于 3mm 的间隙，螺母侧装有弹簧垫圈或锁紧螺母；
(3) 螺栓受力均匀，不使电器的接线端子受额外应力。
3．封闭、插接式母线安装应符合下列规定：
(1) 母线与外壳同心，允许偏差为±5mm；
(2) 当段与段连接时，两相邻段母线及外壳对准，连接后不使母线及外壳受额外应力；
(3) 母线的连接方法符合产品技术文件要求。
4．室内裸母线的最小安全净距应符合表 1-14 的规定。

室内裸母线最小安全净距(mm)　　　　表 1-14

符号	适用范围	图号	额定电压(kV)			
			0.4	1～3	6	10
A_1	1. 带电部分至接地部分之间 2. 网状和板状遮栏向上延伸线距地 2.3m 处与遮栏上方带电部分之间	图 1-1	20	75	100	125
A_2	1. 不同相的带电部分之间 2. 断路器和隔离开关的断口两侧带电部分之间	图 1-1	20	75	100	125
B_1	1. 栅状遮栏至带电部分之间 2. 交叉的不同时停电检修的无遮栏带电部分之间	图 1-1 图 1-2	800	825	850	875
B_2	网状遮栏至带电部分之间	图 1-1	100	175	200	225

续表

符号	适用范围	图号	额定电压(kV)			
			0.4	1～3	6	10
C	无遮栏裸导体至地(楼)面之间	图1-1	2300	2375	2400	2425
D	平行的不同时停电检修的无遮栏裸导体之间	图1-1	1875	1875	1900	1925
E	通向室外的出线套管至室外通道的路面	图1-2	3650	4000	4000	4000

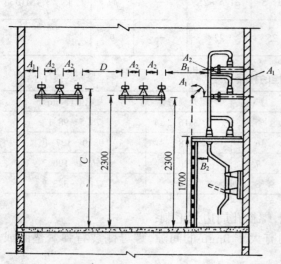

图1-1 室内 A_1、A_2、B_1、B_2、C、D 值校验

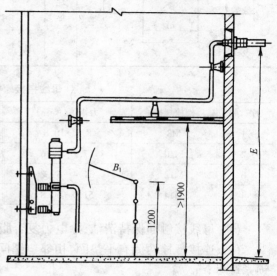

图1-2 室内 B_1、E 值校验

5. 高压母线交流工频耐压试验必须符合现行国家标准《电气装置安装工程电气设备交接试验标准》GB 50150 的规定。

6. 低压母线交接试验应符合本章第四节的规定。

7. 母线的支架与预埋铁件采用焊接固定时,焊缝应饱满;采用膨胀螺栓固定时,选用的螺栓应合适、连接应牢固。

8. 母线与母线、母线与电器接线端子搭接,搭接面的处理应符合下列规定:

(1) 铜与铜:室外、高温且潮湿的室内,搭接面搪锡;干燥的室内,不搪锡;

(2) 铝与铝:搭接面不做涂层处理;

(3) 钢与钢:搭接面搪锡或镀锌;

(4) 铜与铝:在干燥的室内,铜导体搭接面搪锡;在潮湿场所,铜导体搭接面搪锡,且采用铜铝过渡板与铝导体连接;

(5) 钢与铜或铝:钢搭接面搪锡。

9. 母线的相序排列及涂色,当设计无要求时应符合下列规定:

(1) 上、下布置的交流母线,由上至下排列为 A、B、C 相;直流母线正极在上,负极在下;

(2) 水平布置的交流母线,由盘后向盘前排列为 A、B、C 相;直流母线正极在后,负极在前;

(3) 面对引下线的交流母线,由左至右排列为 A、B、C 相;直流母线正极在左,负极在右；

(4) 母线的涂色：交流，A 相为黄色、B 相为绿色、C 相为红色；直流，正极为赭色、负极为蓝色；在连接处或支持件边缘两侧 10mm 以内不涂色。

10．母线在绝缘子上安装应符合下列规定：

(1) 金具与绝缘子间的固定平整牢固，不使母线受额外应力；

(2) 交流母线的固定金具或其他支持金具不形成闭合铁磁回路；

(3) 除固定点外，当母线平置时，母线支持夹板的上部压板与母线间有 1~1.5mm 的间隙；当母线立置时，上部压板与母线间有 1.5~2mm 的间隙；

(4) 母线的固定点，每段设置 1 个，设置于全长或两母线伸缩节的中点；

(5) 母线采用螺栓搭接时，连接处距绝缘子的支持夹板边缘不小于 50mm。

11．封闭、插接式母线组装和固定位置应正确，外壳与底座间、外壳各连接部位和母线的连接螺栓应按产品技术文件要求选择正确，连接紧固。

三、现场巡视与旁站

(一) 巡视

1．裸母线

建筑电气工程选用的母线均为矩形铜、铝硬母线，不选用软母线和管型母线。监理巡视的重点为母线的连接、安全净距及保护接地等。

(1) 母线的连接

母线与母线、母线与电器接线端子的连接施工中，通常采用螺栓搭接的方式。因母线多为制造厂定型生产，其钻孔直径和搭接长度一般不会出现问题。监理巡视时只需稍加注意即可；巡视的重点应为是否利用力矩扳手拧紧钢制螺栓，力矩值是否符合规范要求。施工中的通病是用普通扳手，凭感觉拧紧螺栓。其后果是过紧会损坏母线接触面或支承绝缘子。过松会影响接触表面的面积，导致接触面发热引起事故，监理巡视时应引起重视。另外，不同材质的母线与母线、母线与电器接线端子搭接时，搭接面常不按规范要求进行处理，如潮湿场所铜铝连接时，铜导体不搪锡，或铜导体虽已搪锡，但不采用铜铝过渡板与铝导体连接，通电一段时间后易出现事故。

(2) 安全净距

室内裸母线的最小安全净距要求，是保障人身与设备安全的最低要求，必须坚决执行，监理在巡视时，应随身携带测量工具，对母线相间、相对地、相对栅状遮拦等处的距离进行测量，确保达到最小安全净距的要求。对于到现场的定型产品，如高低压成套配电柜母线净距测量时，还应结合有关生产制造的部颁标准。

(3) 保护接地

巡视时应注意绝缘子的底座、套管的法兰、保护网（罩）等可接近裸露导体接地是否可靠，是否有与接地支线串联连接的做法。

(4) 其他部分巡视要点

1) 注意母线相序排列与所涂颜色是否符合要求。

2) 注意金具与绝缘子的固定是否平整牢固，有无使母线额外受力的情况发生。

3) 注意交流母线的金具或其他支持金具有否形成闭合铁磁回路的现象，若发现后一定要在通电前解决，以防通电后产生涡流发热影响正常运行。

2. 封闭、插接或母线

巡视前应熟悉产品技术文件,如产品说明书、产品安装指导手册等,安装开始阶段或重要部位应请生产厂家派人指导,监理巡视中应注意以下方面:

(1) 安装中注意绝缘不受损坏

1) 施工中常常因用力不当,损坏封闭母线、插接式的母线绝缘或支承母线的绝缘子等,最常见的是转弯处的弯头往往因测量或加工造成尺寸偏差,工人安装时采用硬撬、硬砸的方法使弯头强迫就位,损伤绝缘,往往目测与仪表测试都反映不出来。投电运行初期或负荷不大的情况还能勉强维持,投电运行时间一长或负荷达到高峰时有可能造成短路事故,严重的情况会引发火灾,监理巡视时应特别注意。

2) 当插接式母线段与段采用穿心螺栓连接时,安装中一定要注意保护穿心螺栓的绝缘套管不受损伤。段与段连接时应保证对位准确,将两段母线连接的螺栓孔调整到完全对齐时方能用手轻轻将绝缘螺栓自然推入,决不允许用力敲打螺栓或用力将螺栓强行推入,拧紧螺栓时,应保证螺栓及其绝缘套管不转动,用测力扳手转动螺母,达到规定力矩值为止。监理在巡视时对此应引起特别重视,发现问题应立即采用措施。

(2) 巡视中应注意母线与外壳是否同心,段与段连接时,两相邻段母线及外壳是否对准,连接后应检查母线及外壳是否额外受力。若发现相邻段母线及外壳对得不齐或额外受力应通知承包商整改。

(3) 巡视中注意封闭母线、插接式母线安装中和安装后的成品保护措施是否到位,如井道内安装的垂直插接式母线,应有防潮措施,端头应有封闭罩,引出线的盖子应完整。

(二) 旁站

母线通常用来作低压的供电干线,通过电流大,发生事故影响面广,所以关键部位或事故易发部位应进行旁站监理。

1. 变压器低压侧接线端子与母线的搭接,低压进线柜、出线柜接线端子与母线的搭接都是大电流的关键部位,施工时监理应旁站监理,检查母线的搭接面是否平整,是否按规范要求作了处理(如搪锡、过渡板等),拧紧螺栓是否采用了测力扳手,力矩是否控制在规定要求之内等等。

2. 插接式母线与封闭母线转弯角度较大处或安装难度大的地方,注意加工的弯头尺寸与现场尺寸是否相等,若尺寸相差过大,则不允许硬性安装,而应及时通知厂家到现场重量尺寸,修改弯头后方能安装。

3. 采用绝缘穿心螺栓固定的插接母线安装开始阶段,监理应旁站检查,以保证绝缘不受损坏。

四、试验

1. 高压母线安装完毕后,应与支承绝缘子、穿墙套管一起进行工频耐压试验,试验电压标准见表 1-15,采用仪器为专作高压测试用的试验台或高压试验变压器,绝缘介质测试仪等,通常由施工的承包商准备,监理检查测试记录或旁站确认。

2. 低压母线的交接试验应作相间与相对地绝缘电阻测试,测试值应大于 $0.5M\Omega$。其交流工频耐压试验电压为 1kV,当绝缘电阻值大于 $10M\Omega$ 时,可采用 2500V 兆欧表摇测替代,试验持续时间 1min,无击穿闪络现象。绝缘电阻测试采用 500V 摇表,耐压试验采用绝缘介质测试仪,监理旁站确认或自行抽测。

高压电气设备绝缘的工频耐压试验电压标准　　　　　表1-15

额定电压	最高工作电压	1min工频耐受电压(kV)有效值									
		油浸电力变压器		并联电抗器		电压互感器		断路器、电流互感器		干式电抗器	
(kV)	(kV)	出厂	交接	出厂	交接	出厂	交接	出厂	交接	出厂	交接
3	3.5	18	15	18	15	18	16	16	16	18	18
6	6.9	25	21	25	21	23	21	23	21	23	23
10	11.5	35	30	35	30	30	27	30	27	30	30
15	17.5	45	38	45	38	40	36	40	36	40	40
20	23.0	55	47	55	47	50	45	50	45	50	50
35	40.5	85	72	85	72	80	72	80	72	80	80
63	69.0	140	120	140	120	140	126	140	126	140	140
110	126.0	200	170	200	170	200	180	200	180	200	200
220	252.0	395	335	395	335	395	356	395	356	395	395
330	363.0	510	433	510	433	510	459	510	459	510	510
500	550.0	680	578	680	578	680	612	680	612	680	680

额定电压	最高工作电压	1min工频耐受电压(kV)有效值							
		穿墙套管				支柱绝缘子、隔离开关		干式电力变压器	
		纯瓷和纯瓷充油绝缘		固体有机绝缘					
(kV)	(kV)	出厂	交接	出厂	交接	出厂	交接	出厂	交接
3	3.5	18	18	18	16	25	25	10	8.5
6	6.9	23	23	23	21	32	32	20	17.0
10	11.5	30	30	30	27	42	42	28	24
15	17.5	40	40	40	36	57	57	38	32
20	23.0	50	50	50	45	68	68	50	43
35	40.5	80	80	80	72	100	100	70	60
63	69.0	140	140	140	126	165	165		
110	126.0	200	200	200	180	265	265		
220	252.0	395	395	395	356	450	450		
330	363.0	510	510	510	459				
500	550.0	680	680	680	612				

注：1．上表中,除干式变压器外,其余电气设备出厂试验电压是根据现行国家标准《高压输变电设备的绝缘配合》；
　　2．干式变压器出厂试验电压是根据现行国家标准《干式电力变压器》；
　　3．额定电压为1kV及以下的油浸电力变压器交接试验电压为4kV,干式电力变压器为2.6kV；
　　4．油浸电抗器和消弧线圈采用油浸电力变压器试验标准。

3．插接式母线安装前,每段母线应进行绝缘电阻测试,根据生产厂技术资料绝缘电阻为不小于20MΩ,测试合格后方能连接、固定,整个母线安装完毕后,应进行一次测试,只有相与相,相对地的绝缘电阻值大于 0.5MΩ,才能通电运行。若测试绝缘电阻值小于 0.5MΩ,但仪表读数不为 0,说明插接母线没有短路,绝缘可能受潮,此时可采用烘干或通 36V 安全电压驱潮的措施,直到绝缘电阻测试符合要求后方能通电。若测试时绝缘电阻值为 0,说明已经短路,要认真检查,找出短路点(或异物掉入)进行处理,直到满足规范要求后才能通电。

五、验收

验收时应符合下列要求:
1. 母线的接触面平整,接触可靠,符合要求;
2. 母线的弯曲、连接、间距、标高符合设计要求,且连接正确,螺栓紧固,接触可靠,相间及对地距离符合要求;
3. 紧固件的配件齐全,固定可靠,符合要求;
4. 瓷件、铁件及胶合处应无破损、缺釉、污垢,充油套管应无渗油,油位正常;
5. 油漆完整,相别标志正确,接地良好;
6. 外观检查无明显较大缺陷;
7. 交流正频耐压试验与绝缘电阻测试记录符合规范要求。

第四节 架空线路及杆上电气设备安装

一、材料设备要求

(一)钢筋混凝土电杆应符合下列规定:
1. 按批查验合格证;
2. 外观检查:表面平整,无缺角露筋,每个制品表面有合格印记;
钢筋混凝土电杆表面光滑,无纵向、横向裂纹,杆身平直,弯曲不大于杆长的 1/1000。
(二)外线金具、横担应符合下列规定:
1. 按批查验合格证或镀厂出具的镀锌质量证明书;
2. 外观检查:镀锌层覆盖完整,表面无锈斑,金具配件齐全,无砂眼。
(三)杆上变压器和高压绝缘子、高压隔离开关、跌落式熔断器、避雷器等必须符合现行国家标准《电气装置安装工程电气设备交接试验标准》(GB 50150)的规定。
(四)杆上低压配电箱的电气装置和馈电线路交接试验应符合下列规定:
1. 每路配电开关及保护装置的规格、型号,应符合设计要求;
2. 相间和相对地间的绝缘电阻值应大于 0.5MΩ;
3. 电气装置的交流工频耐压试验电压为 1kV,当绝缘电阻值大于 10MΩ 时,可采用 2500V 兆欧表摇测替代,试验持续时间 1min,无击穿闪络现象。

二、施工工艺要求

(一)施工流程与程序
1. 施工流程
测量杆位→挖掘基坑→电杆组立→回填夯实→拉线及撑杆安装→导线架设→杆上电器设备安装→电器设备交接试验
2. 施工程序

(1) 线路方向和杆位及拉线坑位测量埋桩后,经检查确认,才能挖掘杆坑和拉线坑;
(2) 杆坑、拉线坑的深度和坑型,经检查确认,才能立杆和埋设拉线盘;
(3) 杆上高压电气设备交接试验合格,才能通电;
(4) 架空线路做绝缘检查,且经单相冲击试验合格,才能通电;
(5) 架空线路的相位经检查确认,才能与接户线连接。

(二) 施工质量要求

1. 电杆坑、拉线坑的深度允许偏差,应不深于设计坑深 100mm,不浅于设计坑深 50mm。

2. 架空导线的弧垂值,允许偏差为设计弧垂值的 ±5%,水平排列的同档导线间弧垂值偏差为 ±50mm。

3. 变压器中性点应与接地装置引出干线直接连接,接地装置的接地电阻值必须符合设计要求。

4. 拉线的绝缘子及金具应齐全,位置正确,承力拉线应与线路中心线方向一致;转角拉线应与线路分角线方向一致。拉线应收紧,收紧程度与杆上导线数量规格及弧垂值相适配。

5. 电杆组立应正直,直线杆横向位移不应大于 50mm,杆梢偏移不应大于梢径的 1/2,转角杆紧线后不向内角倾斜,向外角倾斜不应大于 1 个梢径。

6. 直线杆单横担应装于受电侧,终端杆、转角杆的单横担应装于拉线侧。横担的上下歪斜和左右扭斜,从横担端部测量不应大于 20mm。横担等镀锌制品应热浸镀锌。

7. 导线无断股、扭绞和死弯,与绝缘子固定可靠,金具规格应与导线规格适配。

8. 线路的跳线、过引线、接户线的线间和线对地间的安全距离,电压等级为 6~10kV 的,应大于 300mm;电压等级为 1kV 及以下的,应大于 150mm。用绝缘导线架设的线路,绝缘破口处应修补完整。

9. 杆上电气设备安装应符合下列规定:
(1) 固定电气设备的支架、紧固件为热浸镀锌制品,紧固件及防松零件齐全;
(2) 变压器油位正常,附件齐全,无渗油现象,外壳涂层完整;
(3) 跌落式熔断器安装的相间距离不小于 500mm;熔管试操动能自然打开旋下;
(4) 杆上隔离开关分、合操动灵活,操动机构机械锁定可靠,分合时三相同期性好,分闸后,刀片与静触头间空气间隙距离不小于 200mm;地面操作杆的接地(PE)可靠,且有标识;
(5) 杆上避雷器排列整齐,相间距离不小于 350mm;电源侧引线铜线截面积不小于 16mm^2,铝线截面积不小于 25mm^2;接地侧引线铜线截面积不小于 25mm^2,铝线截面积不小于 35mm^2。与接地装置引出线连接可靠。

三、巡视与旁站

(一) 巡视检查

1. 基坑质量巡视

基坑挖掘时往往深度超过允许偏差,坑位偏斜超过基本要求,巡视时应利用工具仪器及时校核,并注意杆位测量时是否设立了标志杆,若未设立,应通知承包商整改,以便挖坑后可测量目标。挖坑时,应把坑长的方向挖在线路的左侧或右侧,便于调整。

2. 电杆组立的巡视

国内目前电杆大都采用水泥电杆,水泥电杆应按设计要求在坑底放好底盘校正,施工中有时为了省钱、省力,水泥电杆不做底盘,对此监理巡视时要注意检查。当设计无要求时,可根据土壤情况与电杆性质作适当调整,如当地土壤耐压力大于 0.2MPa,直线杆可不装底盘,终端杆、转角杆等一定要装底盘。一般情况电杆安装时,可不装卡盘;但在土壤不好或斜坡上立杆应考虑使用。卡盘应装在自地面起至电杆的埋深 1/3 处。承力杆的卡盘应埋设在承力侧,直线杆的卡盘应与线路平行,与电杆左右间隔交替埋设。

3. 横担组装巡视

巡视检查时,应注意横担安装位置是否正确,横担安装后是否平直、牢固,根据规范要求,直线杆的横担应装在受电侧,受立杆的横担应装于拉线侧。为保证横担平直、牢固,应在横担与电杆之间加设 M 形垫片。

4. 导线架设与连接质量巡视

巡视时应注意整盘放线时,是否采用了放线架或其他放线工具。导线有无断股,扭结和死弯,与绝缘子固定是否可靠。线路的跳线、过引线、接户线的线间和线对地间的安全距离是否符合规范要求。导线的接头如果在跳线处,可采用夹连接,接头在其他位置,采用套管压接连接。

5. 杆上电气设备安装质量的巡视检查

(1) 检查变压器的支架是否紧固,只能紧固后才能安装变压器。

(2) 变压器油位是否正常,有无渗油现象,呼吸孔道是否通畅。

(3) 跌落式熔断器安装的相间距离是否不小于 500mm;熔管试操作能否自然打开旋下。

(4) 杆上隔离开关分、合操动和锁定是否灵活可靠,地面操作杆的接地是否可靠。

(5) 杆上避雷器相间距离、引线截面是否符合规范要求。

(二) 旁站

1. 测量杆位是架空线路质量的关键。施工人员测定时,监理员应在现场检查测定方法、测定仪器是否符合要求。测定完毕后,监理员可根据情况进行复查或抽查,以保证定位准确。

2. 基坑开始回填时,监理应在现场检查是否按要求进行分层夯实,以保证电杆稳定、牢固,待正常后,即可改为巡视。

3. 杆上高压、电压、电气设备进行交接试验时,监理应在现场旁站,检查试验方法、试验仪器、试验数据是否符合要求。

四、试验

变压器、高压绝缘子、高压隔离开关、跌落式熔断器、避雷器等安装完毕后应进行工频耐压试验,试验电压标准见表 1-15,试验仪器见本章第三节四、(一)。杆上低压配电箱的电气装置和馈电线路的交接试验与采用仪表见本章第三节四、(二)。

五、验收

验收时应符合下列要求:

1. 导线及各种设备的型号、规格应符合设计;
2. 架设后,电杆、横担、拉线等的各项误差应符合规定;
3. 拉线的制作和安装符合规定;
4. 导线的弧垂、相间距离、对地距离及交叉跨越距离等应符合规定;

5．电器设备外观完整无缺陷；
6．油漆完整、相色正确、接地良好；
7．基础埋深、导线连接和修补质量符合规定；
8．绝缘子和线路的绝缘电阻符合要求,线路相位正确；
9．额定电压下对空载线路冲击合闸三次,线路绝缘完好；
10．杆塔接地电阻符合要求。

第二章 变配电设备施工质量监理

第一节 变压器、箱式变电所安装

一、设备进场验收要求

变压器、箱式变电所、高压电器及电瓷制品应符合下列规定：

1. 查验合格证和随带技术文件，变压器有出厂试验记录；
2. 外观检查：有铭牌，附件齐全，绝缘件无缺损、裂纹，充油部分不渗漏，充气高压设备气压指示正常，涂层完整；
3. 箱式变电所内外涂层完整，无损伤，有通风口的风口防护网完好；
4. 箱式变电所的高低压柜内部接线完整，低压每个输出回路标记清晰，回路名称准确；
5. 装有气体继电器的变压器顶盖，沿气体继电器的气流方向有1.0%～1.5%的升高坡度。

二、施工工艺要求

（一）施工流程

1. 变压器安装流程

变压器及附件进场→器身检查→本体及附件安装→接地（接零）支线敷设→电气试验→注油→整体密封检查→试运行

2. 变压器、箱式变压所安装工序要求

（1）变压器、箱式变压所的基础验收合格，且对埋入基础的电线导管、电缆导管和变压器、箱式变电所进、出线预留孔及相关预埋件进行检查，验收合格后，才能安装变压器、箱式变电所。

（2）变压器及接地装置交接试验合格，才能通电。

（二）施工质量要求

1. 变压器安装应位置正确，附件齐全，油浸变压器油位正常，无渗油现象。
2. 接地装置引出的接地干线与变压器的低压侧中性点直接连接；接地干线与箱式变电所的N母线和PE母线直接连接；变压器箱体、干式变压器的支架或外壳应接地（PE）。所有连接应可靠，紧固件及防松零件齐全。
3. 变压器必须符合国家现行标准《电气装置安装工程交接试验标准》（GB 50150）的规定。
4. 箱式变电所及落地式配电箱的基础应高于室外地坪，周围排水通畅。用地脚螺栓固定的螺帽齐全，拧紧牢固；自由安放的应垫平放正。金属箱式变电所及落地式配电箱，箱体应接地（PE）或接零（PEN）可靠，且有标识。
5. 箱式变电所的交接试验，必须符合下列规定：

(1) 由高压成套开关柜、低压成套开关柜和变压器三个独立单元组合成的箱式变电所高压电气设备部分,符合国家现行标准《电气装置安装工程交接试验标准》GB 50150 的规定;

(2) 高压开关、熔断器等与变压器组合在同一个密闭油箱内的箱式变电所,交接试验按产品提供的技术文件要求执行;

(3) 低压成套配电柜交接试验符合第一章第四节一、(四)的规定。

6．有载调压开关的传动部分润滑应良好,动作灵活,点动给定位置与开关实际位置一致,自动调节符合产品的技术文件要求。

7．绝缘件应无裂纹、缺损和瓷件瓷釉损坏等缺陷,外表清洁,测温仪表指示准确。

8．装有滚轮的变压器就位后,应将滚轮用能拆卸的制动部件固定。

9．变压器应按产品技术文件要求进行检查器身,当满足下列条件之一时,可不检查器身。

(1) 制造厂规定不检查器身者;

(2) 就地生产仅做短途运输的变压器,且在运输过程中有效监督,无紧急制动、剧烈振动、冲撞或严重颠簸等异常情况者。

三、巡视与旁站

(一) 巡视

1．变压器器身检查时的巡视

(1) 巡视时应注意器身检查时的温度、湿度、暴露在空气中的时间是否符合有关规定。(温度不宜低于 0oc,湿度小于 75% 时,暴露在空气中的时间不得超过 16h)。

(2) 开始检查时应注意运输支撑和各部位有无移动现象,在现场作好记录。

(3) 铁心应无变形、无多点接地,各部分绝缘应无损坏。

(4) 绕组绝缘层应完整无损。

2．变压器安装时的巡视

(1) 注意变压器的轨道是否水平,轨距与轮距是否一致,装有气体继电器的变压器,其顶盖的倾斜度是否满足要求(沿气体继电器的气流方向有 1%～1.5% 升高坡度)。

(2) 变压器密封试验应无渗油现象,其密封垫、连接法兰等应满足要求。

(3) 变压器的低压侧中性点应与接地干线直接连接,变压器箱体、干式变压器支架或外壳应接地(PE)。所有连接应可靠,紧固件及防松零件应齐全。

(4) 安装中绝缘件有无破损、裂纹等现象,发现后应立即通知承包商及时处理。

3．变压器试运行时的巡视

巡视中应仔细倾听变压器有无异常声音,检查冷却通风等设施是否正常工作,注意负荷变化后变压器温升变化情况,满负荷时变压器温度是否低于允许温升。经常察看变压器运行记录,及时发现问题及时解决。

4．箱式变电所安装巡视

箱式变压所一般是成套供货或由生产厂到现场组装,监理巡视内容主要是外围设施,如变电所的 N 母线与 PE 母线是否与接地干线直接相连,高压进线与低压出线是否符合要求,若变压器进行器身检查,则参照本节三、(一)1. 的内容。

(二) 旁站

1. 变压器器身检查开始阶段,吊罩或吊器身时,监理应到现场参加检查,注意运输支撑及各部位有无移动现象,绝缘有无明显破损。

2. 变压器、箱式变电所进行高、低压交接试验时,监理应在现场检查试验方法与仪器是否符合要求,对试验数据与结论确认。

四、试验

变压器、箱式变电所(由高、低压电柜和变压器三个独立单元组成)的高压交结试验,采用高压试验台作工频耐压试验,试验电压标准见表 1-15。低压交结试验采用仪器及试验电压标准等见第一章第三节四、2.。

对于高压开关、熔断器等与变压器组合在同一个密闭油箱内的箱式变电所,交接试验方法、标准根据产品技术文件要求执行。

变压器试运行前,应进行空载全电压冲击合闸试验,有条件时应从零起升压,且宜从高压侧投入。第一次冲击带电持续时间不少于 10min,变压器应无异常情况,投运前要求做五次冲击合闸试验。

五、验收

1. 变压器本体、冷却装置及所有附件均无缺陷,且不渗油,油面指示正常。分接头位置符合要求,温度指示正确。箱式变电所符合设备进场验收要求。

2. 变压器进行五次空载全电压冲击合闸试验不出现异常情况。

3. 变压器、箱式变电所的高、低压交结试验符合规范(GB 50150)的规定。

4. 变压器、箱式变电所的接地、进线与出线符合设计与规范要求。

第二节 成套配电柜、控制柜(屏、台)和动力照明配电箱(盘)安装

一、设备进场验收要求

高低压成套配电柜、蓄电池柜、控制柜(屏、台)及动力、照明配电箱(盘)应符合下列规定:

1. 查验合格证和随带技术文件,实行生产许可证和安全认证制度的产品,有许可证编号和安全认证标志。不间断电源柜有出厂试验记录;

2. 外观检查:有铭牌,柜内元器件无损坏丢失,接线无脱落脱焊,蓄电池柜内电池壳体无碎裂、漏液,充油、充气设备无泄漏,涂层完整,无明显碰撞凹陷。

二、施工工艺要求

(一) 施工流程

1. 成套配电柜、控制柜的施工流程

基础槽钢安装→柜(屏、台)组立→器件检查→交接试验→进出线连接→通电试运行

2. 成套配电柜、控制柜(屏、台)和动力、照明配电箱(盘)安装程序要求:

(1) 基础槽钢和电缆沟等相关建筑物检查合格,才能安装柜、屏、台;

(2) 室内外落地动力配电箱的基础验收合格,且对埋入基础的电线导管、电缆导管进行检查,才能安装箱体;

(3) 墙上明装的动力、照明配电箱(盘)的预埋件(金属埋件、螺栓),在抹灰前预留和预

埋;暗装的动力、照明配电箱的预留孔和动力、照明配线的线盒及电线导管等,经检查确认到位,才能安装配电箱(盘);

(4) 接地(PE)或接零(PEN)连接完成后,核对柜、屏、台、箱、盘内的文件规格、型号且交接试验合格,才能投入试运行。

(二) 施工质量要求

1. 柜、屏、台、箱、盘的金属框架及基础型钢必须接地(PE)或接零(PEN)可靠;装有电器的可开启门,门和框架的接地端子间应用裸编织铜线连接,且有标识。

2. 低压成套配电柜、控制柜(屏、台)和动力、照明配电箱(盘)应有可靠的电击保护。柜(屏、台、箱、盘)内保护导体应有裸露的连接外部保护导体的端子,当设计无要求时,柜(屏、台、箱、盘)内保护导体最小截面积 S_p 不应小于表2-1的规定。

保护导体的截面积　　　　　　　　　　表2-1

相线的截面积 S (mm^2)	相应保护导体的最小截面积 S_p (mm^2)	相线的截面积 S (mm^2)	相应保护导体的最小截面积 S_p (mm^2)
$S \leqslant 16$	S	$400 < S \leqslant 800$	200
$16 < S \leqslant 35$	16	$S > 800$	$S/4$
$35 < S \leqslant 400$	$S/2$		

注:S 指柜(屏、台、箱、盘)电源进线相线截面积,且两者(S、S_p)材质相同。

3. 手车、抽出式成套配电柜推拉应灵活,无卡阻碰撞现象。动触头与静触头的中心线应一致,且触头接触紧密,投入时,接地触头先于主触头接触;退出时,接地触头后于主触头脱开。

4. 高压成套配电柜必须按符合现行国家标准《电气装置安装工程电气设备交接试验标准》GB 50150 的规定交接试验合格,且应符合下列规定:

(1) 继电保护元器件、逻辑元件、变送器和控制用计算机等单体校验合格,整组试验动作正确,整定参数符合设计要求;

(2) 凡经法定程序批准,进入市场投入使用的新高压电气设备和继电保护装置,按产品技术文件要求交接试验。

5. 低压成套配电柜交接试验,必须符合第一章第四节1.4的规定。

6. 柜、屏、台、箱、盘间线路的线间和线对地间绝缘电阻值,馈电线路必须大于0.5MΩ;二次回路必须大于1MΩ。

7. 柜、屏、台、箱、盘间二次回路交流工频耐压试验,当绝缘电阻值大于10MΩ时,用2500V兆欧表摇测1min,应无闪络击穿现象;当绝缘电阻值在1~10MΩ时,做1000V交流工频耐压试验,时间1min,应无闪络击穿现象。

8. 直流屏试验,应将屏内电子器件从线路上退出,检测主回路线间和线对地间绝缘电阻值应大于0.5MΩ,直流屏所附蓄电池组的充、放电应符合产品技术文件要求;整流器的控制调整和输出特性试验应符合产品技术文件要求。

9. 照明配电箱(盘)安装应符合下列规定:

(1) 箱(盘)内配线整齐,无绞接现象。导线连接紧密,不伤芯线,不断股。垫圈下螺丝

两侧压的导线截面积相同,同一端子上导线连接不多于2根,防松垫圈等零件齐全;

(2) 箱(盘)内开关动作灵活可靠,带有漏电保护的回路,漏电保护装置动作电流不大于30mA,动作时间不大于0.1s;

(3) 照明箱(盘)内,分别设置零线(N)和保护地线(PE线)汇流排,零线和保护地线经汇流排配出。

10. 基础型钢安装应符合表2-2的规定。

基础型钢安装允许偏差 表2-2

项 目	允 许 偏 差	
	(mm/m)	(mm/全长)
不直度	1	5
水平度	1	5
不平行度	—	5

11. 柜、屏、台、箱、盘相互间或与基础型钢应用镀锌螺栓连接,且防松零件齐全。

12. 柜、屏、台、箱、盘安装垂直度允许偏差为1.5‰,相互间接缝不应大于2mm,成列盘面偏差不应大于5mm。

13. 柜、屏、台、箱、盘内检查试验应符合下列规定:

(1) 控制开关及保护装置的规格、型号符合设计要求;

(2) 闭锁装置动作准确、可靠;

(3) 主开关的辅助开关切换动作与主开关动作一致;

(4) 柜、屏、台、箱、盘上的标识器件标明被控设备编号及名称,或操作位置,接线端子有编号,且清晰、工整、不易脱色;

(5) 回路中的电子元件不应参加交流工频耐压试验;48V及以下回路可不做交流工频耐压试验。

14. 低压电器组合应符合下列规定:

(1) 发热元件安装在散热良好的位置;

(2) 熔断器的熔体规格、自动开关的整定值符合设计要求;

(3) 切换压板接触良好,相邻压板间有安全距离,切换时,不触及相邻的压板;

(4) 信号回路的信号灯、按钮、光字牌、电铃、电笛、事故电钟等动作和信号显示准确;

(5) 外壳需接地(PE)或接零(PEN)的,连接可靠;

(6) 端子排安装牢固,端子有序号,强电、弱电端子隔离布置,端子规格与芯线截面积大小适配。

15. 柜、屏、台、箱、盘间配线:电流回路应采用额定电压不低于750V,芯线截面积不小于2.5mm² 的铜芯绝缘电线或电缆;除电子元件回路或类似回路外,其他回路的电线应采用额定电压不低于750V,芯线截面不小于1.5mm² 的铜芯绝缘电线或电缆。

二次回路连线应成束绑扎,不同电压等级、交流、直流线路及计算机控制线路应分别绑扎,且有标识;固定后不应妨碍手车开关或抽出式部件的拉出或推入。

16. 连接柜、屏、台、箱、盘面板上的电器及控制台、板等可动部位的电线应符合下列规定:

(1) 采用多股铜芯软电线,敷设长度留有适当裕量;
(2) 线束有外套塑料管等加强绝缘保护层;
(3) 与电器连接时,端部绞紧,且有不开口的终端端子或搪锡,不松散、断股;
(4) 可转动部位的两端用卡子固定。

17. 照明配电箱(盘)安装应符合下列规定:
(1) 位置正确,部件齐全,箱体开孔与导管管径适配,暗装配电箱箱盖紧贴墙面,箱(盘)涂层完整;
(2) 箱(盘)内接线整齐,回路编号齐全,标识正确;
(3) 箱(盘)不采用可燃材料制作;
(4) 箱(盘)安装牢固,垂直度允许偏差为1.5‰;底边距地面为1.5m,照明配电板底边距地面不小于1.8m。

三、巡视与旁站
(一) 巡视

1. 基础槽钢安装质量的巡视

基础槽钢安装质量的好坏直接影响成套配电柜的安装质量与效率,绝对不能忽视。施工图设计时,往往把基础槽钢的安装放在土建的预埋件图中,按普通预埋件的要求设置基础槽钢大小不能满足电气安装的要求。最好是在施工图会审时解决这一问题,由土建施工时预埋连接基础槽钢的预埋件,改由安装单位负责基础槽钢的安装。安装前应将槽钢(或角钢)校直、焊口磨平、除锈、防腐等,在预埋件烧焊时应注意电流、焊接方式,防止变形,监理巡视时应密切注视基础槽钢的安装质量。对于手车柜的基础槽钢与地坪尤其需严格要求,可用水平仪等进行校正,以保证达到规范要求。

2. 柜、屏、台、箱、盘的金属框架接地巡视

首先要巡视基础槽钢的接地是否符合要求,是否可靠,且采用了两点以上的接地。其次要注意金属框架与它采用了什么方式连接,施工中有时采用焊接方式连接,容易损坏柜体的油漆,影响美观与柜体强度,新规范已有明确规定,应用镀锌螺栓连接,且防松零件齐全。巡视中应按此要求严格执行。

3. 柜(屏、台等)体组立的巡视

由于柜体的加工误差与基础槽钢的安装误差,柜体组立时,往往垂直度、水平度及成套柜之间的缝隙距离超过规范要求,安装时应用吊重锤的方式控制垂直度,用塞尺控制缝隙距离,必要时对基础槽钢与柜体作一些校正、修理。监理巡视时应携带工具进行测量,若发现误差超过规范要求时,应及时通知有关人员及时处理,以免验收时返工,影响进度,增大损失。

4. 对手车、抽出式成套柜安装时的巡视

应注意手车、抽出式成套配电柜推拉是否灵活,有无卡阻碰撞现象。动触头与静触头的中心线应一致,且触头接触紧密。投入时,接地触头应先于主触头接触;退出时,接地触头应后于主触头脱开。对于同一功能的手车柜、抽出式抽屉应有互换性,如相同的进线手车柜(进线屉)出线手车柜(出线屉)应有互换性,以便发生故障时,可以互换使用。

5. 柜(屏、台、箱)间配线的巡视

施工中配线往往不规范,电压等级与导线截面等不符合要求,巡视中应注意使用导线电压等级为750V,比老规范500V提高了等级,应按此执行,电流回路的导线截面为不小于2.5mm²,其他回路不小于1.5mm²。另外应注意配线整齐、清晰、美观、绝缘良好、无损伤。

（二）旁站

高、低压成套配电柜交接试验时,监理应在现场检查试验方法、试验仪器是否符合要求,对试验结果与记录确认。照明配电箱的漏电装置检测及模拟试验时监理应在现场参加并作好记录。

四、试验

1．高压成套配电柜的交接试验按照现行国家标准GB 50150的有关章节执行,采用试验仪表为高压试验台、兆欧表等仪器,工频耐压试验电压标准见表1-15。

2．低压成套配电柜的交接试验标准及使用仪器见第一章第三节四、（二）。

3．漏电保护现场模拟试验采用漏电开关内试验按钮进行,数据检测送有资质的试验室进行。也有大的设备安装单位实验室有检测资质,直接在现场进行检测,采用精度较高的毫安计或光电检流计等仪表检测漏电电流与动作时间,监理应参加试验。

五、验收

1．柜(屏、台、盘、箱)体安装横平竖直,连接牢固,接地可靠,符合现行的规范要求。

2．现场配线电压等级、导线截面、类型符合要求,接线整齐、编号齐全、标识正确。

3．盘柜内所有开关、短路器等元器件应完好无损,安装位置正确,接线正确,动作性能符合设计要求。

4．高、低压电器交接试验符合现行规范规定。现场安装的低压电器试验标准见表2-3。

低压电器交接试验　　　　　　　　表2-3

序号	试验内容	试验标准或条件
1	绝缘电阻	用500V兆欧表摇测,绝缘电阻值≥1MΩ;潮湿场所,绝缘电阻值≥0.5MΩ
2	低压电器动作情况	除产品另有规定外,电压、液压或气压在额定值的85%～110%范围内能可靠动作
3	脱扣器的整定值	整定值误差不得超过产品技术条件的规定
4	电阻器和变阻器的直流电阻差值	符合产品技术条件规定

5．所有保护装置定值符合规定,操作及联动试验正确,声光指示正确、清晰。

6．漏电保护模拟试验,检测数据符合要求。

7．可接近裸露金属外框接地(PE)或接零(PEN)可靠。

第三章 自备电源施工质量监理

第一节 柴油发电机安装

一、设备进场验收要求

柴油机发电机组应符合下列规定：

1．依据装箱单，核对主机、附件、专用工具、备品、备件和随带技术文件，查验合格证和出厂试运行记录，发电机及其控制柜有出厂试验记录；

2．外观检查：有铭牌，机身无缺件，涂层完整。

二、施工工艺要求

（一）施工程序要求

1．基础验收合格，才能安装机组；

2．地脚螺栓固定的机组经初平、螺栓孔灌浆、精平、紧固地脚螺栓、二次灌浆等机械安装程序；安放式的机组将底部垫平、垫实；

3．油、气、水冷、风冷、烟气排放系统和隔振防噪声设施安装完成；按设计要求配置的消防器材齐全到位；发电机静态试验，随机配电盘控制柜接线检查合格，才能空载试运行；

4．发电机空载试运行和试验调整合格，才能负荷试运行；

5．在规定时间内，连续无故障负荷试运行合格，才能投入备用状态。

（二）施工质量要求

1．发电机的试验必须符合表 3-1 的规定。

发电机交接试验　　　　　　　　　　　　表 3-1

序号	部位	内容	试验内容	试验结果
1	静态试验	定子电路	测量定子绕组的绝缘电阻和吸收比	绝缘电阻值大于 0.5MΩ 沥青浸胶及烘卷云母绝缘吸收比大于 1.3 环氧粉云母绝缘吸收比大于 1.6
2			在常温下，绕组表面温度与空气温度差在 ±3℃ 范围内测量各相直流电阻	各相直流电阻值相互间差值不大于最小值 2%，与出厂值在同温度下比差值不大于 2%
3			交流工频耐压试验 1min	试验电压为 $1.5U_n + 750V$，无闪络击穿现象，U_n 为发电机额定电压

续表

序号	部位	内容	试验内容	试验结果
4	静态试验	转子电路	用1000V兆欧表测量转子绝缘电阻	绝缘电阻值大于0.5MΩ
5			在常温下,绕组表面温度与空气温度差在±3℃范围内测量绕组直流电阻	数值与出厂值在同温度下比差值不大于2%
6			交流工频耐压试验1min	用2500V摇表测量绝缘电阻替代
7		励磁电路	退出励磁电路电子器件后,测量励磁电路的线路设备的绝缘电阻	绝缘电阻值大于0.5MΩ
8			退出励磁电路电子器件后,进行交流工频耐压试验1min	试验电压1000V,无击穿闪络现象
9		其他	有绝缘轴承的用1000V兆欧表测量轴承绝缘电阻	绝缘电阻值大于0.5MΩ
10			测量检温计(埋入式)绝缘电阻,校验检温计精度	用250V兆欧表检测不短路,精度符合出厂规定
11			测量灭磁电阻,自同步电阻器的直流电阻	与铭牌相比较,其差值为±10%
12	运转试验		发电机空载特性试验	按设备说明书比对,符合要求
13			测量相序	相序与出线标识相符
14			测量空载和负荷后轴电压	按设备说明书比对,符合要求

2．发电机组至低压配电柜馈电线路的相间、相对地间的绝缘电阻值应大于0.5MΩ;塑料绝缘电缆馈电线路直流耐压试验为2.4kV,时间15min,泄漏电流稳定,无击穿现象。

3．柴油发电机馈电线路连接后,两端的相序必须与原供电系统的相序一致。

4．发电机中性线(工作零线)应与接地干线直接连接,螺栓防松零件齐全,且有标识。

5．发电机组随带的控制柜接线应正确,紧固件紧固状态良好,无遗漏脱落。开关、保护装置的型号、规格正确,验证出厂试验的锁定标记应无位移,有位移应重新按制造厂要求试验标定。

6．发电机本体和机械部分的可接近裸露导体应接地(PE)或接零(PEN)可靠,且有标识。

7．受电侧低压配电柜的开关设备、自动或手动切换装置和保护装置等试验合格,应按设计的自备电源使用分配预案进行负荷试验,机组连续运行12h无故障。

三、巡视与旁站

(一)现场巡视

1．安装前应巡视检查设备基础和冷却、润滑、燃油、热力、废气排放系统及隔音防噪声设施是否完成,是否办理了工序交接验收。

2．本体安装时,检查其水平度是否符合产品安装要求。

3．发电机中性线(工作零线)是否与接地干线直接相连,螺栓防松零件应齐全,且有标识。

4．负荷试验时,应巡视观察电流、电压、温度等的变化情况,发现异常情况应督促停机检查,必要时请生产厂来人处理。

(二) 旁站

1．发电机的交接试验(表3-1)线缆的绝缘电阻测试与耐压试验,都应在现场观察、检查。

2．受电侧低压配电柜的开关设备、手动与自动切换装置和保护装置进行试验,监理应在现场观察、检查,切换与保护装置必须可靠,以保证市电与柴油发电机供电的转换。

3．柴油发电机的自起动试验时,监理应在现场参加。

四、试验

1．发电机的交接试验标准见表1-19,主要进行静态试验与运转试验。

2．发电机至低压配电柜的馈电线路的试验见本节二、(二)2.的要求。

3．发电机自起动的试验,要求市电中断供电时,单台机组应能自动启动,并在5s内相负荷供电,当市电恢复正常后,应能自动切换和自动延时停机,由市电向负荷供电。连续三次自起动失败后,应能发出报警信号。

五、验收

1．发电机及其配套设施的安装符合产品技术文件要求。

2．发电机的交接试验和馈电线路的绝缘电阻、耐压试验符合要求。

3．发电机的手、自动切换及手、自起动符合设计与产品要求。

4．满负荷连续运行12h,无故障。

第二节 不间断电源安装

一、设备进场验收要求

1．查验合格证和随带技术文件,实行生产许可证和认证制度的产品,有许可证编号和安全认证标志。技术文件中应有出厂试验记录。

2．外观检查:有铭牌,柜内元器件无损坏丢失,接线无脱落脱焊,涂层完整,无明显碰撞凹陷。

二、施工工艺要求

(一) 施工流程与施工工序

1．施工流程

基础槽钢安装→柜体组立→器件检查→绝缘电阻测试→试验调整→进出线连接→通电运行

2．施工工序

(1)基础槽钢和电缆沟等相关建筑物检查合格,才能安装柜体。

(2)接地(PE)或接零(PEN)连接完成后,柜内元器件型号、规格且交接试验合格,才能负荷试运行。

(二) 施工质量要求

1．不间断电源的整流装置、逆变装置和静态开关装置的规格、型号必须符合设计要求。内部结线连接正确,紧固件齐全,可靠不松动,焊接连接无脱落现象。

2．不间断电源的输入、输出各级保护系统和输出的电压稳定性、波形畸变系数、频率、相位、静态开关的动作等各项技术性能指标试验调整必须符合产品技术文件要求，且符合设计文件要求。

3．不间断电源装置间连线的线间、线对地间绝缘电阻值应大于 0.5MΩ。

4．不间断电源输出端的中性线（N 极），必须与由接地装置直接引来的接地干线相连接，做重复接地。

5．安放不间断电源的机架组装应横平竖直，水平度、垂直度允许偏差不应大于 1.5‰，紧固件齐全。

6．引入或引出不间断电源装置的主回路电线、电缆和控制电线、电缆应分别穿保护管敷设，在电缆支架上平行敷设应保持 150mm 的距离；电线、电缆的屏蔽护套接地连接可靠，与接地干线就近连接，紧固件齐全。

7．不间断电源装置的可接近裸露导体应接地（PE）或接零（PEN）可靠，且有标识。

8．不间断电源正常运行时产生的 A 声级噪声，不应大于 45dB；输出额定电流为 5A 及以下的小型不间断电源噪声，不应大于 30dB。

三、巡视与旁站

不间断电源柜通常安放在计算机房或有空调的房间内，柜内装有整流装置、逆变装置、静态开关和蓄电池组四个功能单元。安装时通常为柜子的整体组装，所以其安装周期短，调整试验等技术要求高，监理应以旁站检查为主，重点注意下列几点：

1．认真熟悉产品技术文件，根据出厂试验记录做好现场交接试验的检查，核对输出的电压稳定性、波形畸变系数、频率、相位、静态开关的动作等各项技术性能指标是否符合产品与设计要求。

2．不间断电源输出端的中性线（N 级），是否与由接地装置直接引来的接地干线相连接，做重复接地。重复接地线规格、连接方式等是否符合设计与规范要求。

3．为了保证供电质量，主回路与控制回路的电线、电缆应分别穿管敷设，支架上平行敷设时应保持 150mm 的距离。

4．正常运行后，监理巡视检查时，应携带噪音计等仪表对运行噪声测试，检验其噪声是否符合要求。

四、试验

不间断电源的整流、逆变、静态开关各个功能单元都要单独试验合格，才能进行整个不间断电源的试验。这种试验根据供货协议可以在工厂或安装现场进行。若在安装现场试验，监理应到试验场所参加，试验仪表与方法应根据产品技术文件确定，监理有一个学习与了解的过程。

五、验收

1．安放不间断电源的机架组装应横平竖直，水平度、垂直度允许偏差不大于 1.5‰。

2．金属框架与基础槽钢的接地可靠。

3．线间、线对地的绝缘电阻大于 0.5MΩ。

4．正常运行时，A 级噪声不大于 45dB，5A 以下的不间断电源噪声不大于 30dB。

5．输入、输出各级保护系统和输出的电压稳定性、波形畸变系数、频率、相位、静态开关的动作等符合设计与产品要求。

第四章 受电设备施工质量监理

第一节 低压电动机、电加热器及电动执行机构检查接线

一、设备进场验收要求

电动机、电加热器、电动执行机构和低压开关设备等应符合下列规定：

1．查验合格证和随带技术文件，实行生产许可证和安全认证制度的产品，有许可证编号和安全认证标志；

2．外观检查：有铭牌，附件齐全，电气接线端子完好，设备器件无缺损，涂层完整。

二、施工工艺要求

（一）施工流程

安装机具准备──→本体检查（电动机抽芯等）──→安装就位──→接线──→电气调整试验──→试运行

（二）施工质量要求

1．电动机、电加热器及电动执行机构的可接近裸露导体必须接地（PE）或接零（PEN）。

2．电动机、电加热器及电动执行机构绝缘电阻值应大于 $0.5M\Omega$。

3．100kW 以上的电动机，应测量各相直流电阻值，相互差不应大于最小值的 2%；无中性点引出的电动机，测量线间直流电阻值，相互差不应大于最小值的 1%。

4．电气设备安装应牢固，螺栓及防松零件齐全，不松动。防水防潮电气设备的接线入口及接线盒盖等应做密封处理。

5．除电动机随带技术文件说明不允许在施工现场抽芯检查外，有下列情况之一的电动机，应抽芯检查：

（1）出厂时间已超过制造厂保证期限，无保证期限的已超过出厂时间一年以上；

（2）外观检查、电气试验、手动盘转和试运转，有异常情况。

6．电动机抽芯检查应符合下列规定：

（1）线圈绝缘层完好，无伤痕，端部绑线不松动，槽楔固定，无断裂，引线焊接饱满，内部清洁，通风孔道无堵塞；

（2）轴承无锈斑，注油（脂）的型号、规格和数量正确，转子平衡块紧固，平衡螺丝锁紧，风扇叶片无裂纹；

（3）连接用紧固件的防松零件齐全完整；

（4）其他指标符合产品技术文件的特有要求。

7．在设备接线盒内裸露的不同相导线间和导线对地间最小距离应大于 8mm，否则应采取绝缘防护措施。

三、巡视与旁站

1．对室外及有防水、防潮要求的电气设备,在巡视时应重点检查是否设置了防水弯头,入口处、接线盒处是否作了密封处理。

2．注意电动机、电加热器及电动执行机构的可接近裸露导体接地(PE)或接零(PEN)是否可靠。

3．参加绕组相间及相对地的绝缘电阻测试,测试值应大于 0.5MΩ。

4．参加 100kW 以上的电动机直流电阻测试,直流电阻的相互差值应符合规范要求。

5．参加电动机及抽芯检查,并作好记录。

四、试验

1．采用 500V 兆欧表对低压电动机、电加热器及执行机构进行相对相、相对地的绝缘电阻测试,测试值大于 0.5MΩ,则满足要求。

2．对 100kW 以上的电动机,采用电阻测试仪等测量每相直流电阻值。相互差不应大于最小值的 2%;无中性点引出的电动机,测量线间直流电阻值,相互差不应大于最小值的 1%。

五、验收

1．可接近裸露导体接地(PE)或接零(PEN)可靠。

2．绝缘电阻测试符合要求(大于 0.5MΩ)。

3．安装牢固,螺栓及防松零件齐全,不松动。

4．电动机抽芯检查或经处理后符合要求。

5．100kW 以上电动机直流电阻测试值符合要求。

6．盘动电动机转子应灵活,无碰卡现象。

第二节 低压电气动力设备试验和试运行

一、试验和试运行的程序要求

低压电气动力设备试验和试运行应按以下程序进行:

1．设备的可接近裸露导体接地(PE)或接零(PEN)连接完成,经检查合格,才能进行试验;

2．动力成套配电(控制)柜、屏、台、箱、盘的交流工频耐压试验、保护装置的动作试验合格,才能通电;

3．控制回路模拟动作试验合格,盘车或手动操作、电气部分与机械部分的转动或动作协调一致,经检查确认,才能空载试运行。

二、试验和试运行的质量要求

1．试运行前,相关电气设备和线路应按本规范的规定试验合格。

2．现场单独安装的低压电器交接试验项目应符合表 1-18 的规定。

3．一般项目成套配电(控制)柜、台、箱、盘的运行电压、电流应正常,各种仪表指示正常。

4．电动机应试通电,检查转向和机械转动有无异常情况;可空载试运行的电动机,时间一般为 2h,记录空载电流,且检查机身和轴承的温升。

5．交流电动机在空载状态下(不投料)可启动次数及间隔时间应符合产品技术条件的要求；无要求时，连续启动 2 次的时间间隔不应小于 5min，再次启动应在电动机冷却至常温下。空载状态(不投料)运行，应记录电流、电压、温度、运行时间等有关数据，且应符合建筑设备或工艺装置的空载状态运行(不投料)要求。

6．大容量(630A 及以上)导线或母线连接处，在设计计算负荷运行情况下应做温度抽测记录，温升值稳定且不大于设计值。

7．电动执行机构的动作方向及指示，应与工艺装置的设计要求保持一致。

三、巡视与旁站

1．试运行前，监理应检查相关电气设备、线路的试验报告，有监理旁站记录的，应确认，有怀疑的可抽查后确认。

2．现场安装的低压电器作交接试验时，监理应旁站检查、观察、合格后应确认。

3．电动机试通电与空载试运行时，监理应到现场巡视，并记录空载电流值，检查机身和轴承的温升，发现问题及时通知有关人员予以解决。

4．电动机空载运行时，应注意可启动次数与间隔时间须符合产品技术文件的要求，无要求时，连续启动二次的间隔时间应不小于 5min。巡视时应记录电流、电压、温度、运行时间等。

5．巡视时注意大容量(630A 及以上)导线及母线连接处的温升情况，如变压器低压出线、低压进线柜、出线柜等处的母线连接处，尤其要加强巡视、测试，防止过热引发事故。

四、验收

低压电气动力设备的试验和试运行验收主要根据试验与试运行记录为依据，承包商报验时应根据国家档案资料要求填写书面报告，监理签字盖章确认。

第五章 电气照明施工质量监理

第一节 照明灯具安装

一、进场验收要求

1．照明灯具及附件应符合下列规定：

（1）查验合格证，新型气体放电灯具有随带技术文件；

（2）外观检查：灯具涂层完整，无损伤，附件齐全。防爆灯具铭牌上有防爆标志和防爆合格证号，普通灯具有安全认证标志。

2．钢制灯柱应符合下列规定：

（1）按批查验合格证；

（2）外观检查涂层完整，根部接线盒盒盖紧固件和内置熔断器、开关等器件齐全，盒盖密封垫片完整。钢柱内设有专用接地螺栓，地脚螺孔位置按提供的附图尺寸，允许偏差为±2mm。

二、施工工艺要求

（一）施工流程工序

1．施工流程

放线定位→灯头盒与配管到位→管内穿线→灯具安装→导线绝缘电阻测试→灯具接线→灯具试亮

2．施工程序

照明灯具安装应按以下程序进行：

（1）安装灯具的预埋螺栓、吊杆和吊顶上嵌入式灯具安装专用骨架等完成，按设计要求做承载试验合格，才能安装灯具；

（2）影响灯具安装的模板、脚手架拆除；顶棚和墙面喷浆、油漆或壁纸等及地面清理工作基本完成后，才能安装灯具；

（3）导线绝缘测试合格，才能灯具接线；

（4）高空安装的灯具，地面通断电试验合格，才能安装。

（二）施工质量要求

1．普通灯具安装

（1）灯具的固定应符合下列规定：

1）灯具重量大于3kg时，固定在螺栓或预埋吊钩上；

2）软线吊灯，灯具重量在0.5kg及以下时，采用软电线自身吊装；大于0.5kg的灯具采用吊链，且软电线编叉在吊链内，使电线不受力；

3）灯具固定牢固可靠，不使用木楔。每个灯具固定用螺钉或螺栓不少于2个；当绝缘台直径在75mm及以下时,采用1个螺钉或螺栓固定。

（2）花灯吊钩圆钢直径不应小于灯具挂销直径,且不应小于6mm。大型花灯的固定及悬吊装置,应按灯具重量的2倍做过载试验。

（3）当钢管做灯杆时,钢管内径不应小于10mm,钢管厚度不应小于1.5mm。

（4）固定灯具带电部件的绝缘材料以及提供防触电保护的绝缘材料,应耐燃烧和防明火。

（5）当设计无要求时,灯具的安装高度和使用电压等级应符合下列规定:

1）一般敞开式灯具,灯头对地面距离不小于下列数值(采用安全电压时除外):

① 室外:2.5m(室外墙上安装);

② 厂房:2.5m;

③ 室内:2m;

④ 软吊线带升降器的灯具在吊线展开后:0.8m。

2）危险性较大及特殊危险场所,当灯具距地面高度小于2.4m时,使用额定电压为36V及以下的照明灯具,或有专用保护措施。

（6）当灯具距地面高度小于2.4m时,灯具的可接近裸露导体必须接地(PE)或接零(PEN)可靠,并应有专用接地螺栓,且有标识。引向每个灯具的导线线芯最小截面积应符合表5-1的规定。

导线线芯最小截面积(mm²) 表5-1

灯具安装的场所及用途		线芯最小截面积		
		铜芯软线	铜线	铝线
灯头线	民用建筑室内	0.5	0.5	2.5
	工业建筑室内	0.5	1.0	2.5
	室外	1.0	1.0	2.5

（7）灯具的外形、灯头及其接线应符合下列规定:

1）灯具及其配件齐全,无机械损伤、变形、涂层剥落和灯罩破裂等缺陷;

2）软线吊灯的软线两端做保护扣,两端芯线搪锡;当装升降器时,套塑料软管,采用安全灯头;

3）除敞开式灯具外,其他各类灯具灯泡容量在100W及以上者,采用瓷质灯头;

4）连接灯具的软线盘扣、搪锡压线,当采用螺口灯头时,相线接于螺口灯头中间的端子上;

5）灯头的绝缘外壳不破损和漏电;带有开关的灯头,开关手柄无裸露的金属部分。

（8）变电所内,高低压配电设备及裸母线的正上方不应安装灯具。

（9）装有白炽灯泡的吸顶灯具,灯泡不应紧贴灯罩;当灯泡与绝缘台间距离小于5mm时,灯泡与绝缘台间应采取隔热措施。

（10）安装在重要场所的大型灯具的玻璃罩,应采取防止玻璃罩碎裂后向下溅落的措施。

（11）投光灯的底座及支架应固定牢固,枢轴应沿需要的光轴方向拧紧固定。

（12）安装在室外的壁灯应有泄水孔,绝缘台与墙面之间应有防水措施。

2．专用灯具安装

（1）36V及以下行灯变压器和行灯安装必须符合下列规定：

1）行灯电压不大于36V，在特殊潮湿场所或导电良好的地面上以及工作地点狭窄、行动不便的场所行灯电压不大于12V；

2）变压器外壳、铁芯和低压侧的任意一端或中性点，接地(PE)或接零(PEN)可靠；

3）行灯变压器为双圈变压器，其电源侧和负荷侧有熔断器保护，熔丝额定电流分别不应大于变压器一次、二次的额定电流；

4）行灯灯体及手柄绝缘良好，坚固耐热耐潮湿；灯头与灯体结合紧固，灯头无开关，灯泡外部有金属保护网、反光罩及悬吊挂钩，挂钩固定在灯具的绝缘手柄上。

（2）游泳池和类似场所灯具(水下灯及防水灯具)的等电位联结应可靠，且有明显标识，其电源的专用漏电保护装置应全部检测合格。自电源引入灯具的导管必须采用绝缘导管，严禁采用金属或有金属护层的导管。

（3）手术台无影灯安装应符合下列规定：

1）固定灯座的螺栓数量不少于灯具法兰底座上的固定孔数，且螺栓直径与底座孔径相适配，螺栓采用双螺母锁固；

2）在混凝土结构上螺栓与主筋相焊接或将螺栓末端弯曲与主筋绑扎锚固；

3）配电箱内装有专用的总开关及分路开关，电源分别接在两条专用的回路上，开关至灯具的电线采用额定电压不低于750V的铜芯多股绝缘电线。

（4）应急照明灯具安装应符合下列规定：

1）应急照明灯的电源除正常电源外，另有一路电源供电；或者是独立于正常电源的柴油发电机组供电；或由蓄电池柜供电或选用自带电源型应急灯具；

2）应急照明在正常电源断电后，电源转换时间为：疏散照明≤15s；备用照明≤15s（金融商店交易所≤1.5s）；安全照明≤0.5s；

3）疏散照明由安全出口标志灯和疏散标志灯组成。安全出口标志灯距地高度不低于2m，且安装在疏散出口和楼梯口里侧的上方；

4）疏散标志灯安装在安全出口的顶部、楼梯间、疏散走道及其转角处应安装在1m以下的墙面上。不易安装的部位可安装在上部。疏散通道上的标志灯间距不大于20m（人防工程不大于10m）；

5）疏散标志灯的设置，不影响正常通行，且不在其周围设置容易混同疏散标志灯的其他标志牌等；

6）应急照明灯具、运行中温度大于60℃的灯具，当靠近可燃物时，采取隔热、散热等防火措施。当采用白炽灯，卤钨灯等光源时，不直接安装在可燃装修材料或可燃物件上；

7）应急照明线路在每个防火分区有独立的应急照明回路，穿越不同防火分区的线路有防火隔堵措施；

8）疏散照明线路采用耐火电线、电缆，穿管明敷或在非燃烧体内穿刚性导管暗敷，暗敷保护层厚度不小于30mm。电线采用额定电压不低于750V的铜芯绝缘电线。

（5）防爆灯具安装应符合下列规定：

1）灯具的防爆标志、外壳防护等级和温度组别与爆炸危险环境相适配。当设计无要求时，灯具种类和防爆结构的选型应符合表5-2的规定；

灯具种类和防爆结构的选型　　　　　表 5-2

照明设备种类	爆炸危险区域防爆结构	Ⅰ区		Ⅱ区	
		隔爆型 d	增安型 e	隔爆型 d	增安型 e
固定式灯		○	×	○	○
移动式灯		△	—	○	—
携带式电池灯		○	—	○	—
整流器		○	△	○	○

注：○为适用；△为慎用；×为不适用。

2) 灯具配套齐全，不用非防爆零件替代灯具配件（金属护网、灯罩、接线盒等）；

3) 灯具的安装位置离开释放源，且不在各种管道的泄压口及排放口上下方安装灯具；

4) 灯具及开关安装牢固可靠，灯具吊管及开关与接线盒螺纹啮合扣数不少于 5 扣，螺纹加工光滑、完整、无锈蚀，并在螺纹上涂以电力复合酯或导电性防锈酯；

5) 开关安装位置便于操作，安装高度 1.3m。

(6) 36V 及以下行灯变压器和行灯安装应符合下列规定：

1) 行灯变压器的固定支架牢固，油漆完整；

2) 携带式局部照明灯电线采用橡套软线。

(7) 手术台无影灯安装应符合下列规定：

1) 底座紧贴顶板，四周无缝隙；

2) 表面保持整洁，无污染，灯具镀、涂层完整无划伤。

(8) 应急照明灯具安装应符合下列规定：

1) 疏散照明采用荧光灯或白炽灯；安全照明采用卤钨灯，或采用瞬时可靠点燃的荧光灯；

2) 安全出口标志灯和疏散标志灯装有玻璃或非燃材料的保护罩，面板亮度均匀度为 1:10（最低：最高），保护罩应完整，无裂纹。

(9) 防爆灯具安装应符合下列规定：

1) 灯具及开关的外壳完整，无损伤，无凹陷或沟槽，灯罩无裂纹，金属护网无扭曲变形，防爆标志清晰；

2) 灯具及开关的紧固螺栓无松动、锈蚀，密封垫圈完好。

3. 建筑物景观照明灯、航空障碍、标志灯和庭院灯安装

(1) 建筑物彩灯安装应符合下列规定：

1) 建筑物顶部彩灯采用有防雨性能的专用灯具，灯罩要拧紧；

2) 彩灯配线管路按明配管敷设，且有防雨功能。管路间、管路与灯头盒间螺纹连接，金属导管及彩灯的构架、钢索等可接近裸露导体接地（PE）或接零（PEN）可靠；

3) 垂直彩灯悬挂挑臂采用不小于 10# 的槽钢。端部吊挂钢索用的吊钩螺栓直径不小于 10mm，螺栓在槽钢上固定，两侧有螺帽，且加平垫及弹簧垫圈紧固；

4) 悬挂钢丝绳直径不小于 4.5mm，底把圆钢直径不小于 16mm，地锚采用架空外线用拉线盘，埋设深度大于 1.5m；

5) 垂直彩灯采用防水吊线灯头，下端灯头距离地面高于 3m。

（2）霓虹灯安装应符合下列规定：

1）霓虹灯管完好，无破裂；

2）灯管采用专用的绝缘支架固定，且牢固可靠。灯管固定后，与建筑物、构筑物表面的距离不小于20mm；

3）霓虹灯专用变压器采用双圈式，所供灯管长度不大于允许负载长度，露天安装的有防雨措施；

4）霓虹灯专用变压器的二次电线和灯管间的连接线采用额定电压大于15kV的高压绝缘电线。二次电线与建筑物、构筑物表面的距离不小于20mm。

（3）建筑物景观照明灯具安装应符合下列规定：

1）每套灯具的导电部分对地绝缘电阻值大于2MΩ；

2）在人行道等人员来往密集场所安装的落地式灯具，无围栏防护，安装高度距地面2.5m以上；

3）金属构架和灯具的可接近裸露导体及金属软管的接地（PE）或接零（PEN）可靠，且有标识。

（4）航空障碍标志灯安装应符合下列规定：

1）灯具装设在建筑物或构筑物的最高部位。当最高部位平面面积较大或为建筑群时，除在最高端装设外，还在其外侧转角的顶端分别装设灯具；

2）当灯具在烟囱顶上装设时，安装在低于烟囱口1.5～3m的部位且呈正三角形水平排列；

3）灯具的选型根据安装高度决定；低光强的（距地面60m以下装设时采用）为红色光，其有效光强大于1600cd。高光强的（距地面150m以上装设时采用）为白色光，有效光强随背景亮度而定；

4）灯具的电源按主体建筑中最高负荷等级要求供电；

5）灯具安装牢固可靠，且设置维修和更换光源的措施。

（5）庭院灯安装应符合下列规定：

1）每套灯具的导电部分对地绝缘电阻值大于2MΩ；

2）立柱式路灯、落地式路灯、特种园艺灯等灯具与基础固定可靠，地脚螺栓备帽齐全。灯具的接线盒或熔断器盒，盒盖的防水密封垫完整。

3）金属立柱及灯具可接近裸露导体接地（PE）或接零（PEN）可靠。接地线单设干线，干线沿庭院灯布置位置形成环网状，且不少于2处与接地装置引出线连接。由干线引出支线与金属灯柱及灯具的接地端子连接，且有标识。

（6）建筑物彩灯安装应符合下列规定：

1）建筑物顶部彩灯灯罩完整，无碎裂；

2）彩灯电线导管防腐完好，敷设平整、顺直。

（7）霓虹灯安装应符合下列规定：

1）当霓虹灯变压器明装时，高度不小于3m；低于3m采取防护措施；

2）霓虹灯变压器的安装位置方便检修，且隐蔽在不易被非检修人触及的场所，不装在吊平顶内；

3）当橱窗内装有霓虹灯时，橱窗门与霓虹灯变压器一次侧开关有联锁装置，确保开门

不接通霓虹灯变压器的电源;

4)霓虹灯变压器二次侧的电线采用玻璃制品绝缘支持物固定,支持点距离不大于下列数值:

水平线段:0.5m;

垂直线段:0.75m。

(8)建筑物景观照明灯具构架应固定可靠,地脚螺栓拧紧,备帽齐全;灯具的螺栓紧固,无遗漏。灯具外露的电线或电缆应有柔性金属导管保护。

(9)航空障碍标志灯安装应符合下列规定:

1)同一建筑物或建筑群灯具间的水平、垂直距离不大于45m;

2)灯具的自动通、断电源控制装置动作准确。

(10)庭院灯安装应符合下列规定:

1)灯具的自动通、断电源控制装置动作准确,每套灯具熔断器盒内熔丝齐全,规格与灯具适配;

2)架空线路电杆上的路灯,固定可靠,紧固件齐全、拧紧,灯位正确;每套灯具配有熔断器保护。

三、巡视与旁站

(一)现场巡视

1.普通灯具安装的巡视

(1)巡视时注意灯具的重量与相应的固定方式是否符合规范要求,为了使灯具固定牢固可靠,应杜绝使用木楔的常见毛病。安装花灯时,应注意吊钩圆钢直径不得小于灯具挂销直径,且不小于6mm。安装大型花灯时,其悬吊装置应按灯具重量的2倍做过载试验。

(2)巡视时应注意灯具距地面小于2.4m时,灯具的金属外壳(可接近裸露导体)接地(PE)或接零(PEN)是否可靠。在建筑电气平面施工图中往往只考虑相线与零线,不考虑保护线,老的验收规范中也未作明确规定,监理在质量控制中尺度很难把握,现在新规范中已作为强制性条文并作了明确规定,应认真学习,坚决执行,确保人身安全。

(3)注意安装在重要场所的大型灯具的玻璃罩,是否按规定作了玻璃罩碎裂的防护措施,防护措施是否得当可靠。

(4)注意安装中灯头的绝缘外壳中有无破损和漏电,带有开关的灯头手柄上有无裸露的金属部分,若发现上述影响人身安全的隐患,应严格把关,坚决督促整改。

(5)装有白炽灯泡的吸顶灯具,由于其发热量较大,灯泡不应紧贴灯罩。若灯罩过近,会因过热使其烤焦或老化,当灯泡离绝缘台距离小于5mm时,二者之间应采取隔热措施,防止长期过热引发火灾。

(6)巡视时注意灯具与火灾探测器、喷淋头、喇叭等的距离是否符合设计及其他相关规范要求。

2.专用灯具安装的巡视

(1)由于行灯电压不大于36V,属安全电压,巡视中主要检查变压器。外壳、铁芯和低压侧的任意一端或中性点,接地(PE)或接零是否可靠。只要保证了次级线圈有一点接地,安全就有了保证。因双圈的行灯变压器次级线圈只要有一点接地或接零即可钳制电压,在任何情况下不会超过安全电压。

(2) 游泳池和类似场所灯具(水下灯及防水灯具)的安装,尤其要注意安全,建议有关部门最好采用安全电压(12V)。巡视检查时,重点注意等电位联结应可靠,且有标识,电源的专用漏电保护装置应全部检测合格。自电源引入灯具的导管必须采用绝缘导管,严禁采用金属或有金属保护层的导管。

(3) 手术台无影灯安装时,重点注意其固定和防松是否符合规范要求。

(4) 自带电池的应急灯具安装前应检查其充放电时间及亮度是否符合设计与产品要求。应急灯具安装后应检查电源转换时间是否符合规范要求。巡视时应注意应急灯具运行的温度,当温度超过60℃且靠近可燃物时,要求采取隔热、散热等防火措施。

(5) 防爆灯具的安装巡视时,主要核对灯具型号、规格是否与图纸一致,且不混淆,更不能用非防爆产品代替。

3．景观照明灯、航空障碍标志灯和庭院灯安装的巡视

(1) 建筑物彩灯安装在室外,密闭防水是施工质量的关键,巡视时应作重点检查,垂直敷设的彩灯采用直敷钢索配线,在室外要承受风力的袭击,悬挂装置的机械强度至关重要,巡视时应重点检查钢丝绳直径、底盘圆钢直径、拉线盘埋设深度符合规范要求。

(2) 霓虹灯为高压气体放电装饰用灯具,通常安装在临街商品的正面,人行道的正上方,巡视检查时,要特别注意安装牢固可靠并保证灯管与建筑物的距离符合要求。为防止霓虹灯灯管碎裂伤人,巡视时应检查灯管安装时有无破损,发现后及时更换,对灯管的二次接线耐压等级、灯管长度是否符合要求也应作重点控制。

(3) 建筑物景观照明灯具安装时,重点巡视检查人行道等人员来往密集的场所是否有可靠的防灼伤和防触电措施,如围栏防护与裸露导体接地(PE)或接零(PEN)防护等。

(4) 航空障碍标志灯安装时,应重点巡视检查灯具安装是否牢固可靠,有无设置维修和变换光源的设施。

(5) 庭院等安装时重点巡视检查安装是否牢固可靠,密闭防水。因为人们日常容易接触灯具表面,接地可靠尤为重要,决不允许接地支线串接连接,以防个别灯具移位或更换使其他灯具失去接地保护作用,引发人身安全事故。

(二) 旁站监理

1．大型灯具的固定及悬吊装置由施工设计经计算后,出图预埋安装。为检验其牢固程度是否符合图纸要求,应做过载试验,试验过程中监理应在现场检查、记录,并对试验结果确认。

2．成套灯具的绝缘电阻测试,灯具接线前的线路绝缘电阻测试,监理应在现场旁站。

四、见证取样、试验

1．对成套灯具的绝缘电阻,内部接线等性能进行现场抽样检测。灯具的绝缘电阻不小于2MΩ。内部接线为铜芯绝缘电线,芯线截面积不小于 $0.5mm^2$,橡胶或聚氯乙烯(PVC)绝缘电线的绝缘层厚度不小于 0.6mm。对游泳池和类似场所灯具(水下灯及防水灯具)的密闭和绝缘性能有异议时,按批抽样送有资质的试验室检测。

2．线路绝缘电阻测试应大于 0.5 MΩ,方能符合要求。

3．大型灯具的固定及悬吊装置,应按灯具重量的 2 倍做过载试验,合格后方能安装灯具。

五、验收

1．灯具及线路的绝缘电阻测试合格。
2．灯具的可接近裸导体接地(PE)或接零(PEN)可靠。
3．普通灯具的固定方式、安装高度、电压等级及吊钩直径符合规范要求。
4．大型花灯的固定及悬吊装置过载试验符合要求。
5．专用灯具及景观灯具等安装符合相关规范要求。
6．成排安装的灯具,应横平竖直,间隔均匀,观感舒适。

第二节 开关、插座、风扇安装

一、进场验收要求

开关、插座、接线盒和风扇及其附件应符合下列规定:

1．查验合格证,防爆产品有防爆标志和防爆合格证号,实行安全认证制度的产品有安全认证标志;
2．外观检查:开关、插座的面板及接线盒盒体完整,无碎裂,零件齐全,风扇无损坏,涂层完整,调速器等附件适配;

二、施工工艺要求

(一)施工流程与工序

1．施工流程

放线定位→配管(盒)→管内穿线→安装开关、插座、风扇→导线绝缘电阻测试→器具接线

2．施工程序

照明开关、插座、风扇安装;吊扇的吊钩预埋完成;电线绝缘测试应合格;顶棚和墙面的喷浆、油漆或壁纸等应基本完成;才能安装开关、插座和风扇。

(二)施工质量要求

1．当交流、直流或不同电压等级的插座安装在同一场所时,应有明显的区别,且必须选择不同结构、不同规格和不能互换的插座;配套的插头应按交流、直流或不同电压等级区别使用。

2．插座接线应符合下列规定:

(1)单相两孔插座,面对插座的右孔或上孔与相线连接,左孔或下孔与零线连接;单相三孔插座,面对插座的右孔与相线连接,左孔与零线连接;

(2)单相三孔、三相四孔及三相五孔插座的接地(PE)或接零(PEN)线接在上孔。插座的接地端子不与零线端子连接。同一场所的三相插座,接线的相序一致。

(3)接地(PE)或接零(PEN)线在插座间不串联连接。

3．特殊情况下插座安装应符合下列规定:

(1)当接插有触电危险家用电器的电源时,采用能断开电源的带开关插座,开关断开相线;

(2)潮湿场所采用密封型并带保护地线触头的保护型插座,安装高度不低于1.5m。

4．照明开关安装应符合下列规定:

（1）同一建筑物、构筑物的开关采用同一系列的产品，开关的通断位置一致，操作灵活，接触可靠；

（2）相线经开关控制；民用住宅无软线引至床边的床头开关。

5．吊扇安装应符合下列规定：

（1）吊扇挂钩安装牢固，吊扇挂钩的直径不小于吊扇挂销直径，且不小于8mm；有防振橡胶垫；挂销的防松零件齐全、可靠；

（2）吊扇扇叶距地高度不小于2.5m；

（3）吊扇组装不改变扇叶角度，扇叶固定螺栓防松零件齐全；

（4）吊杆间、吊杆与电机间螺纹连接，啮合长度不小于20mm，且防松零件齐全紧固；

（5）吊扇接线正确，当运转时扇叶无明显颤动和异常声响。

6．壁扇安装应符合下列规定：

（1）壁扇底座采用尼龙塞或膨胀螺栓固定；尼龙塞或膨胀螺栓的数量不少于2个，且直径不小于8mm。固定牢固可靠；

（2）壁扇防护罩扣紧，固定可靠，当运转时扇叶和防护罩无明显颤动和异常声响。

7．插座安装应符合下列规定：

（1）当不采用安全型插座时，托儿所、幼儿园及小学等儿童活动场所安装高度不小于1.8m；

（2）暗装的插座面板紧贴墙面，四周无缝隙，安装牢固，表面光滑整洁，无碎裂、划伤，装饰帽齐全；

（3）车间及试（实）验室的插座安装高度距地面不小于0.3m；特殊场所暗装的插座不小于0.15m；同一室内插座安装高度一致；

（4）地插座面板与地面齐平或紧贴地面，盖板固定牢固，密封良好。

8．照明开关安装应符合下列规定：

（1）开关安装位置便于操作，开关边缘距门框边缘的距离0.15～0.2m，开关距地面高度1.3m；拉线开关距地面高度2～3m，层高小于3m时，拉线开关距顶板不小于100mm，拉线出口垂直向下；

（2）相同型号并列安装及同一室内开关安装高度一致，且控制有序不错位。并列安装的拉线开关的相邻间距不小于20mm；

（3）暗装的开关面板应紧贴墙面，四周无缝隙，安装牢固，表面光滑整洁，无碎裂、划伤，装饰帽齐全。

9．吊扇安装应符合下列规定：

（1）涂层完整，表面无划痕，无污染，吊杆上下扣碗安装牢固到位；

（2）同一室内并列安装的吊扇开关高度一致，且控制有序不错位。

10．壁扇安装应符合下列规定：

（1）壁扇下侧边缘距地面高度不小于1.8m；

（2）涂层完整，表面无划痕，无污染，防护罩无变形。

三、巡视

（一）插座安装的巡视

1．注意检查同一场所，装有交、直流或不同电压等级的插座，是否按规范要求选择了不同结构、不同规格和不能互换的插座,以便用电时不会插错,保证人身安全与设备不受损坏。

2．巡视时用试电笔或其他专用工具、仪表,抽查插座的接线位置是否符合规范要求。也可根据接地(PE)或接零(PEN)线、零线(N)、相线的色标要求查验插座接线位置是否正确。通电时再用工具、仪表确认,以保证人身与设备的安全。

3．注意插座间的接地(PE)或接零(PEN)线有无不按规范要求进行串联连接的现象,若发现应及时提出并督促整改。

4．巡视时注意电源插座与弱电信号插座(如电视、电脑等)的配合,要求二者尽量靠近,而且标高一致,以便使用方便、美观、整齐。

5．注意暗装的插座面板应紧贴墙面,四周无缝隙,安装牢固,表面光滑整洁,无碎裂、划伤。地插座面板与地面齐平或紧贴地面,盖板固定牢固,密封良好。

6．巡视时注意同一室内插座安装高度是否一致,若发现误差过大,装面板时调整不了的,应及时提出,赶在墙面粉刷前整改好,以免造成过大损失,影响美观与进度。

(二) 照明开关安装的巡视

1．巡视时注意进开关的导线是否是相线,先从颜色上判定,通电后可用电笔验证,以保证维修人员操作安全。

2．注意开关通断位置是否一致,以保证使用方便及维修人员的安全。

3．巡视时注意开关边缘距门框边缘的距离及开关距地面的高度是否符合设计及规范要求。若发现误差较大者,应立即通知承包单位及时整改,以免墙面粉刷造成损失加大。

(三) 吊扇安装的巡视

1．吊扇为转动的电气器具,运转时有轻微的振动。为保证安全,巡视时应重点注意吊钩安装是否牢固,吊钩直径及吊扇安装高度、防松零件是否符合要求。

2．吊扇试运转时,应检查有无明显颤动和异常声响。

(四) 壁扇安装的巡视

1．巡视时应重点注意壁扇固定是否可靠,底座采用尼龙塞或膨胀螺栓固定时,应检查数量与直径是否符合要求。

2．巡视时应注意壁扇防护罩是否扣紧,运转时扇叶和防护罩有无明显颤动和异常声响。若发现异常情况,应督促承包单位停机整改。

四、见证取样

1．对开关、插座的电气和机械性能进行现场抽样检测。检测规定如下:

(1) 不同极性带电部件间的电气间隙和爬电距离不小于 3mm;

(2) 绝缘电阻值不小于 5MΩ;

(3) 用自攻锁紧螺钉或自切螺钉安装的,螺钉与软塑固定件旋合长度不小于 8mm,软塑固定件在经受 10 次拧紧退出试验后,无松动或掉渣,螺钉及螺纹无损坏现象;

(4) 金属间相旋合的螺钉螺母,拧紧后完全退出,反复 5 次仍能正常使用。

2．对开关、插座、接线盒及其面板等塑料绝缘材料阻燃性能有异议时,按批抽样送有资质的试验室检测。

3．抽样检查吊扇、壁扇的电气和机械性能,绝缘电阻值大于 0.5 MΩ,试运转正常。

五、验收

1．开关、插座、接线正确,绝缘电阻符合要求。

2．同一室内的开关、插座标高一致,面板安装平整、竖直、美观、整齐。
3．暗装开关、插座的盖板应紧贴墙面,不同电压插座的安装应符合要求。
4．风扇绝缘电阻符合要求,安装牢固、可靠,运转正常。

第三节 建筑物照明通电试运行

一、施工程序

照明系统的测试和通电试运行应按以下程序进行:
1．电线绝缘电阻测试前电线的接续完成;
2．照明箱(盘)、灯具、开关、插座的绝缘电阻测试在就位前或接线前完成;
3．备用电源或事故照明电源作空载自动投切试验前拆除负荷,空载自动投切试验合格,才能做有载自动投切试验;
4．电气器具及线路绝缘电阻测试合格,才能通电试验;
5．照明全负荷试验必须在本条的1.2.4.完成后进行。

二、质量要求

1．照明系统通电,灯具回路控制应与照明配电箱及回路的标识一致;开关与灯具控制顺序相对应,风扇的转向及调速开关应正常。
2．公用建筑照明系统通电连续试运行时间应为24h;民用住宅照明系统通电连续试运行时间应为8h。所有照明灯具均应开启,且每2h记录运行状态1次,连续试运行时间内无故障。

三、旁站与验收

建筑照明通电试运行开始阶段,监理人员应到现场参加。通电试运行前,应检查照明配电箱、灯具、开关、插座及电线等绝缘电阻是否符合要求,若因天雨或其他因素引起受潮导致绝缘电阻低于规定值,则应采取措施解决后方能通电。通电试运行后,应携带仪器、仪表测量回路电流值是否在设计范围内,与所选择开关等电器器件是否匹配。对手感温度较高的电器器件、灯具应用红外线测温仪等进行温度测量。测量重点为装潢吊顶内装设的灯具,配电箱内的空气开关、接触器等。

当试运行两小时以上后,监理人员可改旁站为巡视,巡视时,作好运行记录,发现问题及时通知承包单位整改。公用建筑照明连续通电运行24h,住宅照明连续通电8h正常无事故,则通电试运行验收通过。

第六章 防雷接地与等电位联结质量监理

第一节 防 雷 接 地

一、材料进场要求

接地极、避雷用型钢等镀锌制品应符合下列规定：

1．按批查验合格证或镀锌厂出具的镀锌质量证明书；

2．外观检查：镀锌层覆盖完整，表面无锈斑，金具配件齐全，无砂眼；

3．对镀锌质量有异议时，按批抽样送有资质的试验室检测。

二、施工工艺要求

(一) 施工流程与工序

1．施工流程

材料准备→接地体安装→接地线敷设→接地电阻测试→引下线敷设→接闪器安装→接地电阻测试

2．施工程序

(1) 接地装置安装应按以下程序进行：

1) 建筑物基础接地体：底板钢筋敷设完成，按设计要求做接地施工，经检查确认，才能支模或浇捣混凝土；

2) 人工接地体：按设计要求位置开挖沟槽，经检查确认，才能打入接地极和敷设地下接地干线；

3) 接地模块：按设计位置开挖模块坑，并将地下接地干线引到模块上，经检查确认，才能相互焊接；

4) 装置隐蔽：检查验收合格，才能覆土回填。

(2) 引下线安装应按以下程序进行：

1) 利用建筑物柱内主筋作引下线，在柱内主筋绑扎后，按设计要求施工，经检查确认，才能支模；

2) 直接从基础接地体或人工接地体暗敷埋入粉刷层内的引下线，经检查确认不外露，才能贴面砖或刷涂料等；

3) 直接从基础接地体或人工接地体引出明敷的引下线，先埋设或安装支架，经检查确认，才能敷设引下线。

(3) 接闪器安装：接地装置和引下线应施工完成，才能安装接闪器，且与引下线连接。

(4) 防雷接地系统测试：接地装置施工完成测试应合格；避雷接闪器安装完成，整个防雷接地系统连成回路，才能系统测试。

(二) 施工质量要求

1. 接地装置安装

(1) 人工接地装置或利用建筑物基础钢筋的接地装置必须在地面以上按设计要求位置设测试点。

(2) 测试接地装置的接地电阻值必须符合设计要求。

(3) 防雷接地的人工接地装置的接地干线埋设,经人行通道处埋地深度不应小于1m,且应采取均压措施或在其上方铺设卵石或沥青地面。

(4) 接地模块顶面埋深不应小于0.6m,接地模块间距不应小于模块长度的3~5倍。接地模块埋设基坑,一般为模块外形尺寸的1.2~1.4倍,且在开挖深度内详细记录地层情况。

(5) 接地模块应垂直或水平就位,不应倾斜设置,保持与原土层接触良好。

(6) 当设计无要求时,接地装置顶面埋设深度不应小于0.6m。圆钢、角钢及钢管接地极应垂直埋入地下,间距不应小于5m。接地装置的焊接应采用搭接焊,搭接长度应符合下列规定:

1) 扁钢与扁钢搭接为扁钢宽度的2倍,不少于三面施焊;

2) 圆钢与圆钢搭接为圆钢直径的6倍,双面施焊;

3) 圆钢与扁钢搭接为圆钢直径的6倍,双面施焊;

4) 扁钢与钢管,扁钢与角钢焊接,紧贴角钢外侧两面,或紧贴3/4钢管表面,上下两侧施焊;

5) 除埋设在混凝土中的焊接接头外,有防腐措施。

(7) 当设计无要求时,接地装置的材料采用钢材,热浸镀锌处理,最小允许规格、尺寸应符合表6-1的规定:

最小允许规格、尺寸   表6-1

种类、规格及单位		敷设位置及使用类别			
		地 上		地 下	
		室 内	室 外	交流电流回路	直流电流回路
圆钢直径(mm)		6	8	10	12
扁 钢	截面(mm²)	60	100	100	100
	厚度(mm)	3	4	4	6
角钢厚度(mm)		2	2.5	4	6
钢管管壁厚度(mm)		2.5	2.5	3.5	4.5

(8) 接地模块应集中引线,用干线把接地模块并联焊接成一个环路,干线的材质与接地模块焊接点的材质应相同,钢制的采用热浸镀锌扁钢,引出线不少于2处。

2. 避雷引下线和变配电室接地干线敷设

(1) 暗敷在建筑物抹灰层内的引下线应有卡钉分段固定;明敷的引下线应平直、无急弯,与支架焊接处,油漆防腐,且无遗漏。

(2) 变压器室、高低压开关室内的接地干线应有不少于2处与接地装置引出干线连接。

(3) 当利用金属构件、金属管道做接地线时,应在构件或管道与接地干线间焊接金属跨接线。

（4）钢制接地线的焊接连接应符合本节二、(二)1.(6)条的规定,材料采用及最小允许规格、尺寸应符合本表6-1的规定。

（5）明敷接地引下线及室内接地干线的支持件间距应均匀,水平直线部分0.5～1.5m;垂直直线部分1.5～3m;弯曲部分0.3～0.5m。

（6）接地线在穿越墙壁、楼板和地坪处应加套钢管或其他坚固的保护套管,钢套管应与接地线做电气连通。

（7）变配电室内明敷接地干线安装应符合下列规定:

1）便于检查,敷设位置不妨碍设备的拆卸与检修;

2）当沿建筑物墙壁水平敷设时,距地面高度250～300mm;与建筑物墙壁间的间隙10～15mm;

3）当接地线跨越建筑物变形缝时,设补偿装置;

4）接地线表面沿长度方向,每段为15～100mm,分别涂以黄色和绿色相间的条纹;

5）变压器室、高压配电室的接地干线上应设置不少于2个供临时接地用的接线柱或接地螺栓。

（8）当电缆穿过零序电流互感器时,电缆头的接地线应通过零序电流互感器后接地;由电缆头至穿过零序电流互感器的一段电缆金属护层和接地线应对地绝缘。

（9）配电间隔和静止补偿装置的栅栏门及变配电室金属门铰链处的接地连接,应采用编织铜线。变配电室的避雷器应用最短的接地线与接地干线连接。

（10）设计要求接地的幕墙金属框架和建筑物的金属门窗,应就近与接地干线连接 可靠,连接处不同金属间应有防电化腐蚀措施。

3．接闪器安装

（1）建筑物顶部的避雷针、避雷带等必须与顶部外露的其他金属物体连成一个整体的电气通路,且与避雷引下线连接可靠。

（2）避雷针、避雷带应位置正确,焊接固定的焊缝饱满无遗漏,螺栓固定的应备帽等防松零件齐全,焊接部分补刷的防腐油漆完整。

（3）避雷带应平正顺直,固定点支持件间距均匀,固定可靠,每个支持件应能承受大于49N(5kg)的垂直拉力。当设计无要求时,支持件间距符合本节二、(二)2.(5)条的规定。

三、巡视与旁站

(一)现场巡视

1．接地装置

（1）当利用建筑物基础作接地体时,应巡视检查底板梁主钢筋与桩基主钢筋、柱子主钢筋等的跨接是否符合设计与规范要求,其中跨接位置、数量应以设计为准,焊接长度、边数等质量要求应符合验收规范要求。

（2）当采用型钢作人工接地装置时,应根据设计要求检查开挖沟槽的路径、长度、深度,并根据现场具体情况与承包商研究具体操作方案,如土质过硬,接地极打不到足够深度时,应增加开挖深度等。接地极与接地线烧焊、接地线之间的烧焊均应采用搭接焊,搭接长度、边数均应符合规范要求。

（3）当采用接地模块作接地极时,应检查埋深、间距、基坑大小是否符合规范要求,接地模块应集中引线,并用干线将其焊接成一个闭合环路,引出线不少于2处。

(4)为了保证接地装置长久耐用,巡视时应认真检查接地极、接地线的防腐措施是否符合要求,除埋入混凝土内的焊接接头外,其他一律要有防腐措施。

2．避雷引下线和变配电室接地干线

(1)当用金属构件、金属管道作接地线时,应巡视检查构件或管道与接地干线间是否焊接了金属跨接线,其焊接质量是否符合要求。

(2)当采用建筑物柱内主钢筋作防雷引下线时,应巡视检查每层引下线是否作了标志,有标志的钢筋接头是否作了跨接连接,跨接线焊接是否符合规范要求。

(3)巡视变压器、高低压开关室内的接地干线敷设时,应认真检查接地干线是否符合不少于2处与接地装置引出干线连接的规定。

(4)巡视检查幕墙金属框架和建筑物的金属门窗的接地时,应注意其是否与接地干线作了可靠连接,幕墙金属框架接头处电器连接是否可靠,若存在问题,则要求承包单位采取跨接等措施,保证电气连接可靠,当施工完毕后可用仪表检查接地电阻是否符合要求。

3．接闪器安装

(1)巡视时,重点注意屋顶的避雷针、避雷带与引下线连接是否牢固、可靠,是否与顶部外露的其他金属物体连成一个整体的电气通路。

(2)根据设计图纸检查避雷针、避雷带的位置、数量是否符合要求,对焊接固定的应检查焊缝是否饱满,焊接边数是否符合要求,对螺栓固定的应重点检查防松零件是否齐全,焊接部分的防腐措施是否符合要求。

(3)巡视时注意避雷带的支持件间距是否符合本节二、(二)2.(5)的要求,避雷带本体是否正常、顺直。

(二)旁站

1．接地装置安装完毕后,监理应督促承包单位进行接地电阻的测试,测试时监理应到现场检查测试仪表,测试方法及测试数据是否符合要求,当测试达不到要求,应根据设计要求,采取补救措施,常用的方法是增加人工接地装置等。

2．屋顶避雷针、避雷带等接闪器安装完毕,并进行了相关连接后,监理应督促承包单位进行系统测试,监理应到现场参加,并作好记录。

四、试验

建筑物防雷接地测试一般要求做两次检测,对于利用建筑物基础作接地装置时,一次是建筑物底板钢筋绑扎完毕,接地装置连接烧焊完毕,作一次接地电阻测试,采用仪表为校验过的接地电阻测试仪,测试方法根据仪表使用说明。另一次则为屋顶避雷针、避雷带施工完毕,整个避雷系统连接完成后进行,测试方法同第一次测试。对于采用人工接地装置时,也要求作两次测试,一次是接地装置安装完毕后(回填前)进行;一次是整个防雷接地系统完成后进行测试。

五、验收

1．接地极、接地线、避雷针(带)引下线规格正确,防腐层完好,标志齐全明显。整个防雷接地系统连接可靠。

2．避雷针(带)的安装位置及高度符合设计要求。

3．接地电阻值测试符合设计要求(雨后不应立即测量接地电阻)。

第二节 建筑物等电位联结

一、材料要求

1．采用钢材作等电位联结时,要求用镀锌制品。

2．采用铜线联结时,材料要求参见第一章第一节一、有关电线的要求。

二、施工工艺要求

（一）施工程序

等电位联结应按以下程序进行：

1．总等电位联结：对可作导电接地体的金属管道入户处和供总等电位联结的接地干线的位置检查确认,才能安装焊接总等电位联结端子板,按设计要求做总等电位联结；

2．辅助等电位联结：对供辅助等电位联结的接地母线位置检查确认,才能安装焊接辅助等电位联结端子板,按设计要求做辅助等电位联结；

3．对特殊要求的建筑金属屏蔽网箱,网箱施工完成,经检查确认,才能与接地线连接。

（二）施工质量要求

1．建筑物等电位联结干线应从与接地装置有不少于2处直接连接的接地干线或总等电位箱引出,等电位联结干线或局部等电位箱间的连接线形成环形网路,环形网路应就近与等电位联结干线或局部等电位箱连接。支线间不应串联连接。

2．等电位联结的线路最小允许截面应符合表6-2的规定：

线路最小允许截面（mm²）　　　　　　　　　　　　　　　　表 6-2

材　料	截　面	
	干　线	支　线
铜	16	6
钢	50	16

3．等电位联结的可接近裸露导体或其他金属部件、构件与支线连接应可靠,熔焊、钎焊或机械紧固应导通正常。

4．需等电位联结的高级装修金属部件或零件,应有专用接线螺栓与等电位联结支线连接,且有标识；连接处螺帽紧固,防松零件齐全。

三、巡视与旁站

关于建筑物等电位的联结要求,国际电工标准IEC中早有规定,近几年来国内电气设计规范、验收规范中也有了要求。等电位联结是一项电气安全防范的重要措施,有关资料介绍,仅总等电位联结在用电设备发生接地故障时,其降低人体承受的接触电压为重复接地降低值的2.5倍。因此一些先进国家的电气规范中都将总等电位联结规定为自动切断故障电路防电击的不可缺少的一项安全措施。另外,等电位联结对雷击时引起的(或其他因素引起的)高电位对低电位的反击也能起到有效的防范作用。我国新规范（GB 50303—2002）已将"建筑物等电位联结"作为一项重要内容提出,监理巡视与旁站时应作为检查依据。而建筑物是否需要等电位联结,哪些部位或设施需等电位联结、等电位联结干线或等电位箱的布置均应由施工设计来确定。监理巡视时应对照图纸进行检查验收,图纸若不够详细,可参照国家最新标准图集02D501-2有关说明与做法图。

（一）现场巡视

1．根据施工图设计要求,巡视检查总等电位联结端子板（箱）辅助等电位联结端子板（箱）及等电位联结干线的数量、位置、规格、型号是否符合要求。

2．巡视检查等电位联结干线是否从与接地装置不少于2处直接连接的接地干线或总等电位箱引出。各等电位支线不允许串联连接。

3．等电位连接若采用钢材焊接时,应检查其焊接处不应有夹渣、咬边、气孔及未焊透情况。焊接应采用搭接焊,具体焊接长度要求同接地极焊接要求,见本章第一节2.2.1.6。

4．巡视检查等电位线路最小允许截面是否满足表2-3的要求。

（二）旁站

为了检验等电位是否有效,根据标准图集02D501-2的说明要求,等电位安装完毕后应进行导通性测试。测试时监理人员应到场参加,检查测试方法是否符合要求,作好测试记录。

四、试验

等电位联结安装完毕后应进行导通性测试,测试用电源可采用空载电压为4~24V的直流或交流电源,测试电流不应小于0.2A,当测得等电位联结端子板与等电位联结范围内的金属等金属导体末端之间的电阻不超过3Ω时,可认为等电位联结是有效的,若测试得出得电阻超过3Ω时,应对导通不良的管道连接处作跨接线连结。

五、验收

1．总等电位箱、辅助等电位箱、等电位干线、支线的数量、位置、规格、型号符合设计与规范要求。

2．等电位联结的干线、支线采用钢材焊接连接时,其搭接长度、焊接质量符合规范要求。

3．等电位导通性测试符合要求。

第七章 分部(子分部)工程验收

一、当建筑电气分部工程施工质量检验时,检验批的划分应符合下列规定:

1．室外电气安装工程中分项工程的检验批,依据庭院大小、投运时间先后、功能区块不同划分;

2．变配电室安装工程中分项工程的检验批,主变配电室为1个检验批;有数个分变配电室,且不属于子单位工程的子分部工程,各为1个检验批,其验收记录汇入所有变配电室有关分项工程的验收记录中;如各分变配电室属于各子单位工程的子分部工程,所属分项工程各为1个检验批,其验收记录应为一个分项工程验收记录,经子分部工程验收记录汇入分部工程验收记录中。

3．供电干线安装工程分项工程的检验批,依据供电区段和电气线缆竖井的编号划分;

4．电气动力和电气照明安装工程中分项工程及建筑物等电位联结分项工程的检验批,其划分的界区,应与建筑土建工程一致;

5．备用和不间断电源安装工程中分项工程各自成为1个检验批;

6．防雷及接地装置安装工程中分项工程检验批,人工接地装置和利用建筑物基础钢筋的接地体各为1个检验批,大型基础可按区块划分成几个检验批;避雷引下线安装6层以下的建筑为1个检验批,高层建筑依均压环设置间隔的层数为1个检验批;接闪器安装同一屋面为1个检验批。

二、当验收建筑电气工程时,应核查下列各项质量控制资料,且检查分项工程质量验收记录和分部(子分部)质量验收记录应正确,责任单位和责任人的签章齐全。

1．建筑电气工程施工图设计文件和图纸会审记录及洽商记录;

2．主要设备、器具、材料的合格证和进场验收记录;

3．隐蔽工程记录;

4．电气设备交接试验记录;

5．接地电阻、绝缘电阻测试记录;

6．空载试运行和负荷试运行记录;

7．建筑照明通电试运行记录;

8．工序交接合格等施工安装记录。

三、根据单位工程实际情况,检查建筑电气分部(子分部)工程所含分项工程的质量验收记录应无遗漏缺项。

四、当单位工程质量验收时,建筑电气分部(子分部)工程实物质量的抽检部位如下,且抽检结果应符合本规范规定。

1．大型公用建筑的变配电室,技术层的动力工程,供电干线的竖井,建筑顶部的防雷工程,重要的或大面积活动场所的照明工程,以及5%自然间的建筑电气动力、照明工程;

2．一般民用建筑的配电室和5%自然间的建筑电气照明工程,以及建筑顶部的防雷工程；

3. 室外电气工程以变配电室为主,且抽检各类灯具的 5%。

五、核查各类技术资料应齐全,且符合工序要求,有可追溯性;各责任人均应签章确认。

六、为方便检测验收,高低压配电装置的调整试验应提前通知监理和有关监督部门,实行旁站确认。

变配电室通电后可抽测的项目主要是:各类电源自动切换或通断装置、馈电线路的绝缘电阻、接地(PE)或接零(PEN)的导通状态、开关插座的接线正确性、漏电保护装置的动作电流和时间、接地装置的接地电阻和由照明设计确定的照度等。抽测的结果应符合本规范规定和设计要求。

七、检验方法应符合下列规定:

1. 电气设备、电缆和继电保护系统的调整试验结果,查阅试验记录或试验时旁站;
2. 空载试运行和负荷试运行结果,查阅试运行记录或试运行时旁站;
3. 绝缘电阻、接地电阻和接地(PE)或接零(PEN)导通状态及插座接线正确性的测试结果,查阅测试记录或测试时旁站或用适配仪表进行抽测;
4. 漏电保护装置动作数据值,查阅测试记录或用适配仪表进行抽测;
5. 负荷试运行时大电流节点温升测量用红外线遥测温度仪抽测或查阅负荷试运行记录;
6. 螺栓紧固程度用适配工具做拧动试验;有最终拧紧力矩要求的螺栓用扭力扳手抽测;
7. 需吊芯、抽芯检查的变压器和大型电动机,吊芯、抽芯时旁站或查阅吊芯、抽芯记录;
8. 需做动作试验的电气装置,高压部分不应带电试验,低压部分无负荷试验;
9. 水平度用铁水平尺测量,垂直度用线锤吊线尺量,盘面平整度拉线尺量,各种距离的尺寸用塞尺、游标卡尺、钢尺、塔尺或采用其他仪器仪表等测量;
10. 外观质量情况目测检查;
11. 设备规格型号、标志及接线,对照工程设计图纸及其变更文件检查。

第二篇 智能建筑工程质量监理

第八章 建筑设备自动化系统质量监理

第一节 建筑设备自动化系统的施工过程和工艺要求

建筑设备自动化系统,或称楼宇自动化系统(BAS),是将建筑物(或建筑群)内的电力、照明、空调、运输、防灾、保安、广播等设备以集中监视、控制和管理为目的而构成的一个综合系统。它的目的是使建筑物成为安全、健康、舒适、温馨的生活环境和高效的工作环境,并能保证系统运行的经济性和管理的智能化。因此,广义地说,建筑设备自动化系统应包括消防自动化(FA)与安保自动化(SA)。建筑设备自动化系统包含的监控内容如表 8-1 所示。由于我国目前的管理体制要求,一些特殊系统独立设置(如消防系统,保安系统等)较多,故本章着重叙述以空调、给排水、电力与照明等系统为主构成的建筑设备自动化系统,以供监理人员掌握该管理系统的一些原则和方法。

建筑设备自动化系统的范围 表 8-1

建筑设备自动化系统	电力监控系统	高压配电、变电、低压配电、应急发电
	照明控制系统	工作照明、事故照明、艺术照明、障碍灯等特殊照明
	环境控制系统	空调、冷源、热源、通风、环境监测与控制、给排水
	消防报警控制系统	自动监测与报警、灭火、排烟、联动控制、应急广播
	保安控制系统	防盗报警、电视监控、出入控制、确认分析
	运输控制系统	电梯、停车场
	广播系统	背景音乐、事故广播
	管理服务系统	运行报表、经济分析维护及其档案管理
	其他	

建筑设备自动化系统,由三级设备、二级网络构成,原理框图如图 8-1 所示。

对于建筑设备自动化系统中的不同子系统,构架原理基本一样,差别在于智能分站(DDC)和传感器、执行器的功能和要求不同。

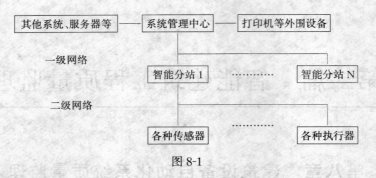

图 8-1

对 BAS 系统的功能要求如下：

一、空调系统和冷水机组

1．空调房间的温度控制为 ±2℃；
2．空调机组的起、停、连锁及故障显示和报警；
3．对空调机组送风温度、回风温度、回水温度及冷冻机组供、出水温度进行巡回检测和记录；
4．过滤器前后的压差越限报警及显示记录；
5．控制冷水机组的连锁启停，显示和自动记录；
6．对多台机组的最优调度；
7．对供、回水管进行压力自动巡回检测，并显示记录。

二、锅炉系统

1．锅炉的自动检测和保护；
2．增压泵、运行泵发生故障时，备用泵的自动切换；
3．蒸汽分配器的超压报警；
4．油罐液位高、低限报警。

三、变配电、给排水、热交换器

1．生活水泵、污水泵的自动控制和状态显示和记录；
2．水池水位的高、低限报警；
3．热交换器出口水温的自动控制；
4．变压器温度的高、低限报警和记录；
5．高、低压开关的状态显示和记录；
6．备用电源的自动投入；
7．有功功率、无功功率的自动记录；
8．照明灯、节日彩灯、广告霓虹灯的自动控制，以及实现循环工作的最优运行。

四、中央控制器和微型计算机

1．控制功能。根据检测到的参数值，通过执行机构把空调系统、锅炉系统按照设定值控制在允许的误差范围内；按照要求的程序进行开机、停机以及泵的启停和切换；实时报警处理；对汽车库闸门进行自动控制、检测并统计汽车数量等。
2．控制系统的自检功能；
3．报警功能。房间温度、液位超限、泵故障、压力超限、风机启停故障、运行过程故障、火灾、过滤器前后的压差越限报警等；

4．显示功能。在 CRT 上显示空调系统、锅炉系统、风机系统变配电系统运行的彩色图形，按功能块分页；显示各点温度、压力及其他有关参数的设定值及实测值，风机、水泵、阀门、水流量指示器的工作状态；当报警时，CRT 上须显示报警内容、时间和位置；对重要历史数据的存盘、直方图和曲线显示等。

5．打印功能。报警日期、时间和内容打印；日报表、月报表打印；曲线打印；

6．软件功能。除了上述要求外，软件需实现用户功能，并包括分布式的电力需求控制程序，最优调度程序，时间/事件程序，PID 和自适应程序；

7．其他功能。操作员保密代码及权限、网络运行、掉电保护、扩展功能等；

在具体施工过程中，首先是管线敷设，接下来是各种传感器、执行器的安装，DDC 安装，系统管理中心设备安装；接下来是系统设备的接线、校线和单体、联动调试；最后是系统的交接验收。

系统的总的工艺要求为：技术先进，冗余量适中，功能完善，工作可靠，界面友好。

第二节　建筑设备自动化系统施工前的准备及监理预控措施

BAS 是一个系统工程，其施工单位必须具备一定的资质要求才能进场施工，监理对施工单位和设计的预控措施为：

一、对施工单位的要求

1．具有建筑设备自动化系统施工资质和能力；

2．有相应的质保体系和组织机构、人员，要有相应人员的工作简历；

3．有建筑设备自动化系统检测相应的仪器仪表；

4．须向监理上报业绩一览表，含安装的系统、规模和业主的评价。

二、对图纸的要求

施工图是工程施工的直接依据，监理工程师对施工图的审核是一个关键的举措。不但自身要对施工图做全面认真审核，而且也要组织推动施工单位对施工图认真审核，找出问题，提出合理建议。

图纸审核要点为：

1．是否无证设计或越级设计，并检查是否经过建筑设计单位审核、加盖了地方出图专用章；

2．与其他有关专业有无碰车或缺遗；

3．对土建和其他专业的预留洞或开孔要求是否正确。

三、对监理人员自身要求

1．监理人员进场后，首先根据监理大纲和 BAS 系统的自身特点，编写 BAS 监理实施细则，用于指导自己的工作；

2．召开专题会议，让施工单位明白监理工作流程，主要有材料报验制度、工序报验制度、专题例会制度、调试验收制度等；

3．熟悉施工图，做好质量进度造价的事先控制准备。

四、对合同的管理

对于 BAS 的质量控制,除了以上的组织措施、技术措施外,还有经济措施和合同措施。协助业主和施工单位签订一个公平、公正的合同,对监理人员顺利开展工作也非常重要。在合同中应明确监理的职责和权力。施工单位必须根据合同明示或隐含的监理职责、权力,严格履行监理工程师的指示。

第三节 建筑设备自动化系统过程的巡视检查

BAS 系统与暖通、供配电、给排水、土建、装饰专业之间有千丝万缕的联系,在施工过程中,监理员要协调好它们之间和 BAS 系统内部的关系,控制要点如下:

一、BAS 与相关专业之间的关系

1. 对供配电系统中的主开关、变压器、主要电动机的监视点接口是否预留。如果供配电系统电力监控自成系统,则需考虑与电力监控系统主机的接口、数据交换协议、通讯等要求;

2. 对于给排水系统,主要查看水泵控制箱控制启停、运行、故障报警接口有无预留,对水箱液位计的安装位置进行查验;

3. 对于暖通系统

(1) 查看管道上压力、流量传感器、执行器的预留位置是否符合要求;

(2) 查看制冷机组、冷却塔的接口界面;

4. 对于电梯运行监测,主要查看与普通电梯控制板的通讯接口形式与要求。

二、BAS 内部的要求

1. 传感器安装

(1) 温、湿度传感器不要安装在阳光直射的地方,远离有较强振动、电磁干扰的区域;

(2) 风管、水管中的传感器要安装在直管段管中;

(3) 压力传感器应安装在温、湿度传感器的上游侧;

(4) 安装压差开关时,宜将薄膜位于垂直与水平的位置;

(5) 水流开关要安装在水平管线上;

(6) 电磁流量计要安装在流量调节阀的上游,流量计前直管段长度不小于 $L=10D$(D 为管径),下游管段应有 $L=4\sim 5D$ 的直管段;

(7) 电量变速器接线时,严防其电压输入端短路和电流输入端断路。

2. 执行器安装

(1) 电磁阀安装前最好进行模拟动作和试压试验,一般安装在回水管,在管道清洗前需完全打开;

(2) 电动阀要垂直安装在水平管道上,其余要求同电磁阀;

(3) 电动风门驱动器应与风门轴垂直安装,垂直角度不小于 85°,在安装前宜进行模拟动作。

3. DDC 和系统智能管理中心设备安装

(1) 核对 DDC 和智能管理中心设备的规格和型号;

(2) 重点检查 I/O 接口单元、通讯单元的连接线是否正确。

第四节　建筑设备自动化系统的监理平行检验

当 BAS 按要求安装完毕后,施工单位需编写调试方案,监理对安装质量和系统调试进行平行检验,主要方法如下:

一、检验的依据

建筑设备自动化系统检验依据的相关规范如下:

1. 线槽、配管、布线按《建筑电气工程施工质量验收规范》(GB 50303—2002)的有关条文执行;具体内容详见第六章的有关内容,其他章节有关配线槽、桥架等问题也可参考第六章的有关内容;
2. 现场单元(含传感器、变送器、执行器等)按 GBJ93 和 SDJ279 中热工仪表及控制装置的有关章节;
3. 现场分站(主要为 DDC)和中央控制室的设备安装以及电源、防雷、接地及电磁兼容等按《电子计算机房设计规范》(GB 50174—93)和《信息技术设备的无线电干扰极限值和测量方法》(GB 9254—88)等规范实施;
4. 系统的检测按《江苏省建筑智能化工程检测规程》(DB 32/365—1999)的有关条文执行;
5. 设计文件、合同及相关的技术资料。

二、一般要求

1. 压力表测孔和温度表测孔在同一管段上时,压力测孔是否在温度测孔的上游;
2. 仪表的接线盒口是否朝下;
3. 热电阻和热电偶插入被测介质深度大于 1m,且易被被测介质冲击时,是否有放弯措施;
4. 现场分站、中央控制设备以及大功率的执行机构是否采取短路保护措施。

三、BAS 的检测

BAS 的检测分为三个层次,即中央控制室、现场分站和现场设备的功能检测:

1. 中央控制室设备检测要点:
(1) 输出控制信号,检查执行机构是否响应及响应时间;
(2) 人为在现场分站通讯端口制造一个故障,检查中央控制站是否有记录及响应时间;
(3) 检测中央控制站是否有设备组自诊断功能;
(4) 检测中央站参数、现场检测的参数是否与设计精度相符,两者相差是否超过 5%;
(5) 人为使中央控制站失电再通电,观察其是否能自动恢复监控功能。

2. 现场分站检测要点:
(1) 人为使中央控制站失电,观察分站是否能正常工作;
(2) 人为使分站失电再通电,观察其是否能自动恢复监控功能;
(3) 人为使中央控制站与分站中断,观察现场设备能否正常工作及中央站是否有分站离线故障记录。

3. 现场设备检测要点:
(1) 执行机构的运作及运作顺序是否与设计的工艺一致;

(2) 使检测仪表参数超过规定范围,检查分站与中央站是否产生报警信号;
(3) 在分站与中央站控制下,执行机构动作是否正常;
(4) 监理人员应认真做好平行检验记录。

第五节 监理验收

当 BAS 系统施工调试完毕后,施工单位应向监理提交以下资料:

一、图纸与资料

1. 系统图;
2. 技术设计图;
3. 施工管线实际布置图;
4. 监控点表;
5. 软件参数设定表(包括逻辑图);
6. 产品说明书及其他产品随机资料。

二、监控点测试数据表

如回风管中温度、供配电系统用电量实时报表或故障记录等;

三、单体设备测试报告,如电动阀的模拟试验报告

四、软件功能测试报告。施工完毕以后,如果施工单位自己有 BAS 系统测试条件,可以自己测试;如果没有,可以委托有资质的单位测试,出具相应的测试报告。

具备上述条件后,监理应组织建设单位、设计、施工和有关验收单位对 BAS 系统进行验收,并参照表 8-2 对系统进行评定:

建筑设备自动化系统评定表　　　　表 8-2

序号	评定要素		标准分	实际得分	备注
1	系统结构	采用一主一备的通讯与数据网关	5		
2		合理配置有关网络设备与软件	5		
3		系统扩展功能	5		
4		支持多任务工作方式	5		
5		图形文字菜单	4		
6		密码系统	4		
7		自诊断功能	4		
8	系统硬件	管理工作设备站	5		
9		数据处理器	5		
10		智能设备接口	5		
11		UPS	5		
12		智能分站	5		

续表

序 号		评 定 要 素	标准分	实际得分	备 注
13	监控管理软件	系统操作管理模块	5		
14		系统信息模块	3		
15		图形监控器模块	3		
16		远程通讯模块	3		
17		系统操作指导模块	2		
18		系统资料及机房环境等	2		
19		运行管理和系统维护	10		
20		系统集成功能	5		
21		用户评价	10		
		合 计			
得分合计		加权系数(0.9~1.1)	最后得分		评定等级

评定标准共分四级,分别如下:
1)优秀级:最后得分≥90分;
2)一级:90＞最后得分≥80分;
3)二级:80＞最后得分≥70分;
4)三级:70＞最后得分≥60分;
如最后得分小于60分,则系统不合格,需整改。

根据《建筑工程施工质量验收统一标准》(GB 50100—2001),建筑设备自动化系统是一个子分部工程,最终验收应有总监理工程师负责组织,施工单位的项目负责人和技术、质量负责人应参加,而分项工程(内容参见表 8-1)和检验批由监理工程师组织施工单位专业技术负责人进行验收。

第九章 火灾报警与消防联动控制系统质量监理

第一节 施工过程及工艺要求

火灾探测、报警与灭火控制技术作为一门多学科、多专业的综合应用科学,发展迅速,已经成为人类同火灾斗争的重要手段。

火灾报警与消防连动控制系统,就是通过各种火灾探测器或其他报警装置把火灾信号传递给报警主机,由报警主机判断并给出处理信号,连动各种执行机构,如警铃、消防泵等,对火灾作出处理,以保证人身和财产安全,系统框图如图 9-1:

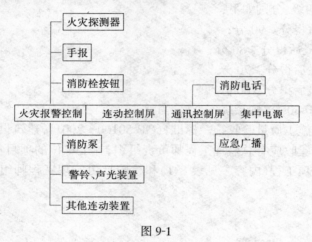

图 9-1

第二节 施工前的准备及监理预控措施

火灾报警与消防联动控制系统,是一个系统工程,监理员的事前控制对保证施工质量和施工进度至关重要。监理员的预控措施有如下几个方面:

一、技术措施

监理员在进场后,首先要熟悉图纸,了解设计意图,在施工前协助业主召开图纸会审,具体解决以下一些问题。

1. 审查图纸是否符合国家规定的深度要求和设计规范;
2. 分析设计和施工的可行性和经济性;
3. 图纸中是否给出一个详细的联动动作表;
4. 消防设备是否采用专用的供电回路;
5. 报警回路是否有相应的余量;

6. 若与其他系统联动,是否有适当的接口,以及对其他系统的要求等。

二、组织措施

在施工单位进场后,要召开一个专题会议,明确监理的工作流程,如材料报验制度、专题例会制度、旁站制度、平行检验制度等。

要重视施工单位的施工组织设计对施工的指导作用。对报验的施工组织设计详加审核,审查施工单位的资质(消防施工企业应有消防主管部门颁发的施工许可证)、人员配备、设备配备是否满足工程的需要,审查其质量控制要点以及其他安全措施、环境卫生要求等的可行性。

由于消防工程经常与其他专业工程同时施工,经常有交叉冲突,监理要敦促施工单位事先与其他专业公司协调好工作面,以保证质量和工期。

三、经济合同措施

经济措施最容易被人们理解和接受,监理员要充分利用经济措施促进施工单位抓好质量。

协助业主与施工单位签定一份公正、公平的合同也是监理的一份重要工作。在合同中要明确对施工单位的质量和工期要求,以及各方的权利和义务;

第三节 施工过程中的巡视检查

火灾报警与消防联动控制系统的安装质量对系统的顺利开通和可靠运行至关重要。监理员要加强以下部位的巡视检查。

一、管线敷设

可依据《建筑电气工程施工质量验收规范》(GB 50303—2002)的有关条文执行;巡查重点有:

1. 火灾报警与消防联动控制系统的控制、通信和报警线路要采用金属保护管,宜暗敷在非燃烧结构体内,保护层厚度不应小于30mm;当必须明敷时,金属管上需采取防火保护措施;

2. 不同电压等级、不同系统、不同电流类别的线路,不可同管或同槽敷设;

3. 火灾探测器的传输线路,通常采用红蓝RVS线,其他线如信号线可以采用粉红色,检查线采用黄色。同一工程中相同类别的绝缘线颜色应一致,接线端子应有标识;

4. 控制线、报警线的绝缘电阻应不小于20MΩ。

二、火灾探测器的安装

1. 探测器的安装位置:

(1) 探测器至墙壁、梁边的水平距离不应小于0.5m;

(2) 探测器周围0.5m内,不应有遮挡物;

(3) 探测器至空调送风口的水平距离不应小于1.5m;至多孔送风顶棚孔口的水平距离不应小于0.5m;

(4) 在走道安装探测器,温感探测器安装间距不应超过10m,烟感探测器安装间距不应超过15m;

(5) 当探测器安装倾斜时,倾斜角度不应大于45°;

（6）探测器距离光源的水平距离应大于 1m；

（7）探测器的保护面积和保护半径，除了产品特殊说明外，按表 9-1 确定：

探测器的保护面积和保护半径　　　　表 9-1

探测器种类	地面面积 S/m^2	房间高度 h/m	探测器的保护面积 A 和保护半径 R					
			屋顶坡度 θ					
			$\theta \leqslant 15°$		$15°<\theta \leqslant 30°$		$\theta>30°$	
			A/m^2	R/m	A/m^2	R/m	A/m^2	R/m
感烟探测器	≤80	$h \leqslant 12$	80	6.7	80	7.2	80	8.0
	>80	$6<h \leqslant 12$	80	6.7	100	8.0	120	9.9
		$h \leqslant 6$	60	5.8	80	7.2	100	9.0
感温探测器	≤30	$h \leqslant 8$	30	4.4	30	4.9	30	5.5
	>30	$h \leqslant 8$	20	3.6	30	4.9	40	6.3

（8）当梁突出顶棚的高度超过 600mm 时，被梁隔断的每个梁间区域应至少设置一个探测器；

（9）坡度大于 15°的人字形屋顶，应在每个屋脊处设置一排探测器，探测器下表面距屋顶最高处的距离，应符合表 9-2 的规定：

探测器下表面距屋顶最高处的距离　　　　表 9-2

探测器的安装高度 h/m	探测器下表面距屋顶的距离 d/mm					
	屋顶坡度 θ					
	$\theta \leqslant 15°$		$15°<\theta \leqslant 30°$		$\theta>30°$	
	最小	最大	最小	最大	最小	最大
$h \leqslant 6$	30	200	200	300	300	500
$6<h \leqslant 8$	70	250	250	400	400	600
$8<h \leqslant 10$	100	300	300	500	500	700
$10<h \leqslant 12$	150	350	350	600	600	800

2．探测器的安装

（1）探测器的确认灯，应面向便于人员观察的主要出口方向；

（2）并联探测器的数目一般以少于 5 个为宜。

3．手动报警按钮安装

两个相邻的手动报警按钮的步行距离，不应大于 30 m，安装的高度以设计为准，设计无规定时高为 1.5 m；

4．接线箱安装，箱体宜用红色标志为宜；

5．警铃安装，固定警铃的螺栓要加弹簧垫片；

6．火灾报警控制器的安装，距离四周墙的距离以设计为准，进入控制器的电缆或电线应标明编号，字迹需清楚，主电源线应有明显标志；

7．系统接地采用专用接地引下线，接地电阻小于 4Ω；如采用联合接地体，接地电阻需不大于1Ω,同时有关设备应做等电位联接。需做接地和等电位联接的有各种消防风机、控制主机、配电箱及各种消防泵等。

第四节 系 统 调 试

一、调试的内容

在系统安装完毕以后,监理员需要求施工单位及时组织人员进行系统联动调试前的所有调试工作,调试时监理员需旁站。调整试验的主要内容包括线路测试、单体功能试验、系统的接地测试和整个系统的开通调试。

二、调试的准备

监理员通常要求施工单位和生产厂家组成联合调试小组,编写调试方案并准备相关的资料和测试仪表。同时要协调好与其他专业的关系,做到有步骤有计划的调试。

三、线路测试

1. 对所有的接线进行检查、校对,对错线、开路、虚焊和短路等应进行处理;
2. 对各回路进行测试,绝缘电阻值不小于20MΩ。

四、单体调试

1. 火灾探测器要求动作准确无误,误报率、漏报率在误差允许范围内;
2. 报警控制器主要做如下功能检查:火灾报警自检功能,消音、复位功能,故障报警功能,火灾优先功能,报警记忆功能,电源自动转换及备用电源的自动充电功能,备用电源的欠压、过压报警功能。

五、联动系统的调试开通

1. 对消防对讲系统,主要检查话音质量;
2. 对应急广播系统,主要查看与背景音乐的强切试验,以及模拟火灾发生时,对应的楼层广播动作是否正常;
3. 对防火门、防排烟阀、正压送风、自动喷水、气体灭火、消火栓系统的联动,主要查看动作是否可靠,返回信号是否及时准确。

六、调试的数量要求,见表9-3;

火灾自动报警系统内部验收细目表　　　　　　　表9-3

序 号	项 目 名 称	抽样比例及数量
1	布 线	每层抽查一处
2	火灾探测器	抽查10%但不少于10只(不同类型分别按比例抽查
3	手动报警按钮	抽查10%但不少于10只
4	区域报警控制器	抽查50%但不少于5只
5	区域报警显示器	抽查50%但不少于5只
6	报警阀	抽查50%但不少于5只
7	喷 头	抽查10%但不少于10只
8	水流指示器、末端试水装置	抽查50%但不少于5只
9	室内消火栓箱	抽查20%但不少于10只

续表

序号	项目名称	抽样比例及数量
10	消火栓按钮	抽查20%但不少于10只
11	灭火器储存容器	抽查20%但不少于10只
12	防火卷帘、防火门	抽查50%但不少于5只
13	送风口	每防火分区抽查一处
14	排烟口	每防火分区抽查一处
15	防排烟风机	抽查20%但不少于5只
16	防火阀	抽查20%但不少于5只
17	火灾事故广播	每层抽查一处
18	电话插孔	抽查10%但不少于10只
19	火灾报警装置	抽查20%但不少于5只
20	非消防电源的切断	抽查50%但不少于5只
21	应急照明、疏散指示	抽查20%但不少于5只

第五节 系统的监理验收

消防系统的最终验收,由消防主管部门实施,各个地方的验收标准可能有些微小差异,但基本上都可以分为合格和不合格两类。

监理在施工单位安装调试完毕后,首先要对工程进行预验收,要求施工单位提交以下资料:

1. 图纸与资料;
(1)系统图;
(2)管线平面图(包括端子接线图);
(3)各种技术核定资料;
(4)产品说明书。
2. 单体设备测试报告;
3. 软件功能测试报告;
4. 线路、接地测试报告;

具备以上资料后,监理可以对消防系统进行综合评价,评定表如表9-4:

消防系统质量评定表　　　　　表9-4

序号	项目	重要度	主要技术要求	标准分	得分
1	火灾探测器	二级	探测器选型及安装位置正确、选型及灵敏度与环境相适应,保护面积计算正确,探测器质量可靠	10	
2	区域报警控制器	二级	控制器选型及安装位置正确,进线整齐,控制器各种功能符合要求,正确可靠	10	

续表

序号	项目	重要度	主要技术要求	标准分	得分
3	集中报警控制器	三级	控制器选型及安装位置正确,端子箱布线整齐,接线标志明显	15	
4	手动报警按钮	二级	安装位置正确并有保护措施,接线牢固并有不小于10cm的余量	5	
5	楼层显示、警报器、警铃	一级	安装位置正确,显示明显,观察方便,报警逻辑关系正确	3	
6	布线	一级	选型正确,布线合理,符合相应规范要求	3	
7	设备接地	一级	有专用接地线,接地可靠,接地电阻符合设计要求	3	
8	主、备用电源	一级	供电可靠主电源引入线应直接与消防电源连接,严禁使用电源插头,主电源应有明显标志	3	
9	消防泵控制柜	三级	选型及安装位置正确,控制功能齐全,信号明显,符合设计要求	12	
10	联动控制装置	五级	同上	20	
11	自动报警测试	四级	需做模拟试验,可靠性应达100%	16	
	综 合 得 分			100	

注:以上评价中,如综合得分为70分以上为合格,70分以下为不合格,需整改。

火灾报警与消防联动系统由监理组织预验收,验收程序类同第一章BAS系统的验收。验收通过后,还应报请消防主管部门进行验收。消防主管部门验收合格,系统才可以投入使用。对消防主管部门进行的验收,监理应予以协助。

第十章　公共安全技术防范系统质量监理

第一节　施工过程及工艺要求

公共安全技术防范系统,是智能楼宇的重要组成部分,是为办公、生活、学习提供安全的重要保障之一。按照功能划分,可以分为闭路监控电视系统、防盗报警和出入口控制系统三部分。系统组成框图如图10-1、图10-2、图10-3所示。

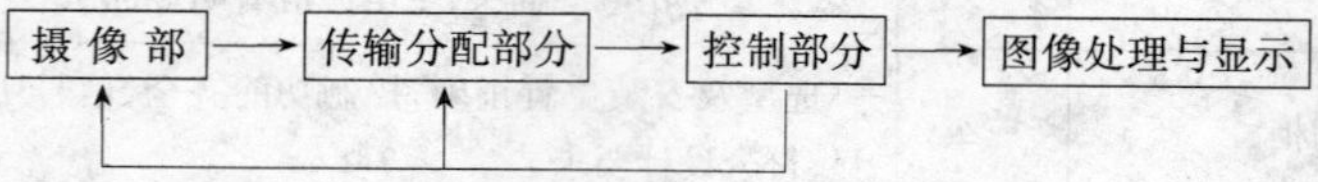

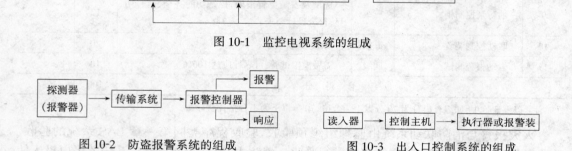

图10-1　监控电视系统的组成

图10-2　防盗报警系统的组成　　　　图10-3　出入口控制系统的组成

公共安全技术防范系统,也可以称为保安技术,广义地讲,包括周边防越系统、防盗报警、出入口控制、电视监控、门禁系统、电子巡更、汽车库管理和防火报警系统。下面分别就各个系统做一些简单的说明。

一、电视监控系统

当前我国CCTV系统主要用于监视、调度和电视会议等目的。对这类系统的功能要求是:将基层观察点所摄制的图象传送到中心控制室去,控制室可以对基层点的摄像机、云台等设备进行远距离控制调节。CCTV系统可以分为以下三种类型:

1. 单级控制

这类控制类型只有一个控制室,对所有设备进行遥控,适合于小型系统;

2. 不交叉多级串并控制

这类控制类型除了有中心控制室外,还有一级或多级分控中心,各分控中心之间没有联系;

3. 交叉多级串并控制

这类控制类型可以实现各分控中心之间的图像交换。根据系统要求,总控制室和分控中心可以是平等关系,也可以是主从关系。

以上三种控制类型可以根据实际需要进行合理组合。此外,根据实际需要,该系统还可以配置通话系统。

二、防盗报警系统

防盗报警系统是在探测到防范现场有入侵者时能发出报警信号的专用电子系统,按所探测的物理量的不同可以分为微波、红外、激光、超声波和震动等方式;按电信号传输方式的不同,又可以分为无线传输和有线传输两种方式。

三、出入口控制及门禁系统

该系统结构如图 10-4 所示,包含 3 个层次的设备。现代的出入口控制装置是机械、电子、光学的一体化系统。

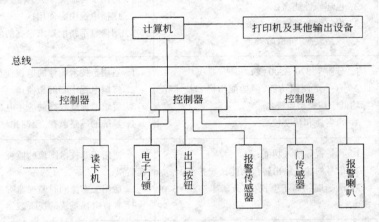

图 10-4　出入口控制系统的基本结构

四、汽车库综合管理系统

当停车库内车位超过 50 个时,往往需要考虑建立汽车库综合管理系统,以提高车库的管理质量、效益和安全性。该系统通常由三部分组成:

1．车辆出入的检测与控制;
2．车位和车满的显示与管理;
3．计时收费管理。

五、其他子系统(巡更、有毒有害气体报警等)

电子巡更系统是保安人员在规定的巡逻路线上,在指定的时间和地点向中央控制室发回信号以表示一切正常的电子系统。

有毒、有害气体报警是由传感器检测到危险信号,经主机处理后发出声光报警信号或执行相应的命令。

第二节　施工前的准备和监理预控措施

公共安全技术防范系统是一个技术相当成熟,施工单位也非常多的系统。要想系统能够经济、可靠地运行,监理在施工前应着重做好以下几件事情:

一、图纸的审查

一个设计的好坏,对工程的造价、质量和工期都影响很大。对公共安全技术防范系统的图纸审查要点如下:

1．摄像机、探测器、读卡器等输入设备的规格、型号与使用场所、使用功能、系统结构是否配套；
  2．摄像点、探测点的布置是否满足实用美观的要求；
  3．监视器的选用是否满足如表10-1的要求：

监视器的种类和用途　　　　　　　表10-1

类　型	主要性能指标	用　途
精密型监视器	1．分辨率600线以上； 2．色还原性能高； 3．稳定性和精度高,功能齐全； 4．线路复杂,价格昂贵	1．适用于传输文字、图象等系统的监视； 2．广播电视中心使用； 3．图像显示精度要求很高的应用电视系统
高质量监视器	1．分辨率370～500线； 2．有一定使用功能,但功能指标和技术指标均低于精密型监视器； 3．稳定性和精度较高	1．适用于技术图像的监视； 2．广播电视中心的预监； 3．要求清晰度较高的应用电视系统； 4．系统的线路监视、预调和显示
图象监视器	1．具备视频输入功能； 2．信号的输入输出转接功能比较齐全； 3．清晰度稍高于电视机,分辨率300～370线	1．适用于非技术图像的监视,被广泛应用于电视监视； 2．适用于声像同时监视监听系统； 3．教育电视系统的视听教学
收监两用机	1．具有高频、变频、中放通道； 2．具有视/音频输入插口； 3．分辨率低于300线； 4．性能和电视机相同	1．适用于录像显示和有线电视系统的显示； 2．同时可作电视机使用

  监控器的清晰度(分辨率)是选择监视器的一个重要指标。
  4．视频分配器、切换器和控制器的搭配是否经济可行。
  二、对施工单位的选择
  目前,几乎所有的弱电承包单位都可以做公共安全技术防范系统工程,但水平参差不齐。监理应协助业主选择有经验的优秀的施工单位。选择依据有如下几个方面：
  1．承包企业的资信等级；
  2．专业人员的配备；
  3．已完工程的施工水平、管理水平和协调能力；
  4．配备相应的仪表、工器具。
  选择好承包商后,要签定一份详细的合同,合同中需明确产品的规格、型号和产地。
  三、建立健全各种制度
  主要指监理周例会制度、专题例会制度、材料设备工序报验制度、调试验收制度等。

第三节　施工过程的巡视检查

  为了保证施工质量,监理员应重视施工过程的巡视检查,检查的要点如下：

一、管线敷设

布线要做到短捷、安全可靠,尽量减少交叉,便于维护,特别要做到隐蔽保密。控制点有:

1. 不同系统、不同电压等级、不同电流差别的线路,不应穿在同一管内或线槽的同一孔内;
2. 导线接线端子应有标号,绝缘电阻不应小于 20MΩ;
3. 敷设光缆时,其弯曲半径不应小于光缆外径的 20 倍,敷设完后宜测量通道的总损耗。

二、前端设备安装

主要检查安装位置、方式是否符合设计和产品本身的要求,环境是否合适。

三、主控器的安装

主控器的安装应牢固可靠,进线电缆线应有编号,应有专门的接地线,所有配线应整齐;此外,应做好主控器、前端设备的接地和等电位联接。如该系统为非常重要的系统,还需在电源线、信号线进出建筑物处做好浪涌保护。

第四节 系 统 调 试

系统调试前,监理要求施工单位提供一份详细的调试方案,其中应包含出现问题时的应对措施。

一、调试前监理员应做的几件事如下:

1. 线路的检查,确认线路接线正确可靠;
2. 接地电阻、绝缘电阻测量,满足接地电阻≤4Ω,电源线绝缘电阻≤0.5MΩ,信号线控制线绝缘电阻≤20MΩ;
3. 系统电源的检测

查看各点的电压等级是否符合设计要求。

调试时应敦促施工单位按调试步骤依次进行,首先对各单体进行调试,对出现的问题分析原因并及时解决,然后对系统进行调试,并做好调试记录。

二、在闭路电视监控系统调试过程中,经常会出现一些问题,根据监理经验,主要的问题及解决措施有:

1. 系统突然无信号,可能是电源短路、断路或过电压了,应检查电源;
2. 监视器上出现一条白杠或黑杠,可能是电源串入干扰问题,应用排除法检查串入电源信号的设备;
3. 监视器上出现竖条干扰,可能是视频线的特性阻抗不匹配;
4. 监视器上出现网纹干扰,可能是视频接头有问题,应检查接头;
5. 监视器的图像对比度太小、图像淡,可能是视频信号衰减太大,应在线路上加入线路放大器或线路补偿器。

第五节 监理的验收

安全技术防范系统在施工、调试完毕后,应由监理组织设计、施工、建设单位进行预验收,验收程序参见第一章 BAS 系统的验收。验收通过后再由行业主管部验收,验收应按竣工图进行。

验收时施工单位应具备以下资料：

1. 系统总说明；
2. 系统图、平面图等竣工图；
3. 设备器材明细表；
4. 主观评价表；
5. 客观测试表；
6. 施工质量验收记录；
7. 产品说明书等随机资料；
8. 其他有关文件或资料。

对于安全技术防范系统的各个子系统，系统的主观评价表和客观测试表不尽相同，下面分别表述一下：

一、闭路电视监控系统

系统的质量验收应按要求进行，检查的内容如表10-2所示：

施工质量检查项目和内容　　　　　　表10-2

项目	内容	抽查百分数(%)
摄像机	1. 设置位置、视野范围； 2. 安装质量； 3. 镜头、防护罩、支承装置、云台安装质量与紧固情况； 4. 通电试验	50～65(10台以下摄像机至少验收5～6台)
监视器	1. 安装位置； 2. 设置条件； 3. 通电试验	100
控制设备	1. 安装质量； 2. 遥控内容与切换路数； 3. 通电试验	100
其他设备	1. 安装质量与安装位置； 2. 通电试验	100
控制台与机架	1. 安装垂直、水平度； 2. 设备安装位置； 3. 布线质量； 4. 穿孔、连接处接触情况； 5. 开关、按钮灵活情况； 6. 通电试验	100
电(光)缆敷设	1. 敷设与布线； 2. 电缆排列位置、布放与绑扎情况； 3. 地沟、走道支架吊架的安装质量； 4. 埋设深度及架设质量； 5. 焊接及插接头安装质量； 6. 接线盒接线情况	60
接地	1. 接地材料； 2. 接地线焊接质量； 3. 接地电阻	100

系统的质量主观评价可以参照公安部制定的标准,即"五级损伤制评分分级"(表 10-3)及"主观评价项目"(表 10-4)给出的标准和项目。

五级损伤制评分分级　　　　　　　　　　表 10-3

图像质量损伤的主观评价	评分等级	图像质量损伤的主观评价	评分等级
图像上不觉察有损伤或干扰存在	5	图像上损伤或干扰较严重,令人相当讨厌	2
图像上有觉察损伤或干扰存在,但并不令人讨厌	4	图像上损伤或干扰极严重,不能观看	1
图像上有明显损伤或干扰存在,令人感到讨厌	3		

主观评价项目表　　　　　　　　　　表 10-4

项　目	损伤的主观评价现象	项　目	损伤的主观评价现象
随机信噪比	噪波,即"雪花干扰"	电源干扰	图像中上下移动的黑白间置的水平横条,即"黑白滚条"
单项干扰	图像中纵、斜、人字形或波浪状的条纹,即"网纹"	脉冲干扰	图像中不规则的闪烁、黑白麻点或"跳动"

系统的质量主观评价方法和要求应符合下列规定:

1. 主观评价应在摄像机标准照度下进行。
2. 主观评价应采用符合国家标准的监视器。黑白电视监视器的水平清晰度应高于450线,彩色电视监视器的水平清晰度应高于 360 线。
3. 观看距离应为荧光屏面高度的 6 倍,光线柔和。
4. 评价人员应不少于 5 名,并包括专业和非专业人员。评价人员应独立打分,取算术平均值为评价结果。各主观评价项目的得分值均不应低于 4 分。

系统的质量客观测试应在摄像机标准照度下进行,测试所用的仪器应有计量合格证书。系统清晰度、灰度等级可用综合测试卡进行抽测,抽查数不宜小于 10%,其指标应符合有关规定。当对主观评价的分级有争议时,可用仪器对系统的随机信噪比及各种信号的干扰进行测试,其指标应符合有关规定。

二、防盗报警系统

对各种探测器的检测,主要查看灵敏度和稳定系性,连续工作 7d 应不出现误报和漏报,灵敏度和探测范围的变化不应超过 10%。

对于主机,应具有稳定性。

三、出入口控制及门禁系统

可用视察法检查各控制结构功能及双工通话达到要求(通话、选呼和电动开门锁)。

四、汽车库综合管理系统

主要检测系统的灵敏度、反应时间和系统的稳定性,参考对象为系统的有关性能指标。

五、其他系统(巡更、有毒有害气体报警)

基本同防盗报警系统。

第十一章 办公自动化系统质量监理

第一节 施工过程及工艺要求

一、办公自动化系统的组成

所谓办公自动化系统,是指利用先进的通讯技术、计算机技术,对各种办公事务有关信息进行采集、加工、传递和保存,从而提高办公效率和质量或进行辅助决策的人机信息处理系统。

按照目前的处理技术能达到的功能,办公自动化系统有三个层次,如图11-1所示:

事务处理层办公系统,处于办公自动化系统的最底层,包括文字处理、表格处理、收发文件、电子邮件、文档管理、财务管理等日常例行办公事务。

图 11-1

信息管理层以较大的数据库作为结构的主体,以实现事务管理和信息管理等功能,它是建立在数据库和事务型办公自动化系统之间的纽带。

决策支持层办公自动化系统,是利用数据库和系统实时提供的数据,对各种试验和方案进行比较和方案优化,辅助决策者进行决策。

三个层次的办公自动化系统利用通信技术,如局域网、广域网或程控交换机进行数据交换。

按照使用的不同要求,可以将办公自动化系统分成以下几种类型:

1. 政府型;
2. 生产企业型;
3. 流通企业型;
4. 事务型,如民航定票系统;
5. 案例型,如检察院的诉讼系统;
6. 专业型,如设计院的计算机辅助设计(CAD);
7. 机房型,如卫星发射中心办公自动化系统;
8. 事业型,如研究院所的办公自动化系统。

二、办公自动化系统的性能指标

办公自动化系统是多学科的系统工程,系统建设主要要考虑规模和功能,要满足经济性、先进性、开放性和可靠性。系统的稳定性、传输速率、容量是主要的性能指标。

第二节　施工前的准备和监理预控措施

一个办公自动化系统建设成功与否,有两方面的原因:一为设计方案;二为施工质量。因此,监理员在施工前应着重做好以下几个方面的工作。

一、对设计图纸的审查

如果有可能,监理员最好参与设计方案的讨论,协助业主对系统功能、规模、软硬件配置进行决策,以避免系统的先天不足。

在审查图纸时,可以从以下几个方面着手:

1．办公自动化系统的所属类型及是否具有与之相适应的网络层次结构;
2．系统功能是否满足业主目前和未来一段时间内的使用要求;
3．系统配置的可靠性、兼容性、可操作性和经济性如何;
4．系统的网络配线可否满足使用要求。

二、对承包商的选择

监理员应协助业主选择一个有经验的承包商,和前面所述的三个系统一样,主要从查看施工单位的资质、业绩和施工方案的编写情况来确定。

签定合同时,合同中要明确设备的规格型号、产地和供货时间,质量控制要点要有针对性,调试人员和仪表要有保障。由于办公自动化系统的维护非常重要,施工单位的维护阶段有关承诺应具体,包含服务和有关备件备品的提供等。

第三节　施工过程的巡视检查

监理员在熟悉图纸、协助业主选择好施工单位之后,要根据工程特点编写详细的监理细则。

一、监理巡视检查,包括管线检查和设备安装检查两部分。

对管线的检查,在第十三章综合布线系统中将有详细的要求。

对设备的检查,主要做到如下几个方面:

1．对设备进场的验收,依据图纸和合同文件的要求,对产品的规格、型号、产地逐个验收,杜绝假冒伪劣产品进入现场。
2．对于设备接线,要根据工作站、传真机、电话、处理机和大中型计算机的各自要求,做好接线头,按产品接线图接线,避免错接、漏接。
3．对于设备安装,主要满足设备的距离要求、接地要求和安装的先后次序。
4．系统连接时,要注意信号线和电源线的分离,避免强电信号对弱电信号的干扰。
5．系统软件的安装,注意安装的硬件要求,根据步骤进行,系统的运行模式要根据实际情况确定。

二、系统安装完毕后,监理员要求承包商编写一份详细的具有针对性的调试方案,承包商调试时,要严格按照调试方案有序进行。监理审核调试方案时着重以下几点:

1．调试参数及其数值要求是否形成;
2．调试人员、仪器仪表是否满足要求;

3．调试的项目是否满足应有的要求；

监理员应参加调试，并做好平行检验记录。

第四节 系统的验收

办公自动化系统的验收，应在承包商自验合格的基础上，由监理组织相关单位进行验收。监理也可建议业主再请第三家对系统进行验收，查看系统是否满足设计要求和业主的使用要求。

验收时施工单位需提供以下资料：

1．设计图纸；

2．材料、工序报验记录；

3．调试有关文件；

4．施工中形成的其他有关文件、资料；

5．产品的使用说明书及有关技术资料。

办公自动化系统的验收，目前还没有一套统一的表格，主要以定性为主，最终给出一个验收意见。如合格，承包单位可以按有关程序交接工程。如果有问题，则由施工单位整改完毕后重新报验，方法同上。

第十二章 通信网络系统质量监理

第一节 施工过程及工艺要求

俗话说:"动力系统是建筑的血液,通信网络是建筑的神经。"由此可见通信网络系统在智能建筑中的重要作用。随着微电子技术、光电技术、计算机技术和智能终端技术的迅速发展,通信网络系统包含内容的宽度和深度都得到了快速发展。目前,智能建筑中通信网络系统主要包含以下几个方面:

1. 固定电话通信系统,包含最传统的通信业务,如语音通话、传真等。

2. 无线通信系统,含移动通信网络、无线寻呼网络、对讲系统。这些系统主要应用于有屏蔽或有专业对讲要求的场所。

3. 多媒体通信系统,主要应用数字用户环路($xDSL$)技术、异步传送(ATM)技术、同步数字系列(SDH)技术等,包括网络运营服务和网络内容提供服务,是目前发展最好、最快、最有潜力的技术。

4. 电视通信系统,主要利用中国分布极广的广电网络,提供双向传输服务,如视频点播(VOD)、网上购物、医疗服务等,在许多新建小区或老的小区改造方面应用较广。

5. 电力通信系统,主要把需要传输的信号调谐,在电力网上传输。主要应用在只有电力网的区域,传输受到的干扰大,目前技术还不太成熟。

对于以上各个系统建设好坏的评价,主要指标有传输速率、系统容量、稳定性、软件的易使用性等。不同的系统具体指标要求也不一样。

第二节 施工前的准备及监理预控措施

通信系统的设计在整个通信网络的建设中具有举足轻重的作用,关系到系统能否开通和能否满足业主的需要,而且做到适当超前、经济合理。因此,在施工前,和其他系统一样,监理员首要要对设计图纸进行审查,以避免系统的先天不足。

对不同的通信网络系统设计的审查,监理员审查的要点如下:

一、固定电话通信系统

1. 协助业主对未来 5 年需求量进行预测,查看图纸中主干电缆容量是否满足需求;

2. 接线箱的容量(对数)和布置是否具有最佳的性能价格比;

3. 程控交换机的型号规格是否满足使用要求,各种 I/O 模块、交换模块的数量、可靠性能否保证使用;如交换设备非常重要,有关进户的系统信号线、电源线需有电涌保护器。

4. 系统电源及其控制装置是否满足要求。

二、无线通信系统

1．系统实施的必要性和可行性如何；

2．转接、发射、放大装置可否满足需要；

3．系统的容量、可靠性可否满足要求，有些专业对讲系统，如舞台对讲系统，还应满足相应的特殊需要。

三、多媒体通信系统

1．网络安全非常重要，所选用的网络是否采取必要的技术保证网络安全；

2．网络所采用的交换技术可否满足使用要求和与城市网连接的需要，其可靠性如何；

3．路由器、服务器等主机的容量是否满足 3~5 年业务发展的需要；

4．各种设备的配置是否稳定可靠、技术先进、适应性高，且可与其他系统兼容，技术经济合理，易于扩充。

四、电视通信系统

根据不同的使用场合，电视系统可以分为广播电视网络、会议电视网络、教育电视网络和监视电视网络。审查要点如下：

1．所设计的系统可否满足业主的需要，并做到经济合理；

2．系统的规模容量是否合理；

3．系统的选型、组网形式的可靠性、使用的方便性如何。

五、电力通信系统

1．系统实施是否具有必要性；

2．系统的传输速率可否满足要求；

3．系统的抗干扰能力如何。

除了对设计图纸进行审查外，监理员也要协助业主选择一个有经验的施工单位，可以着重从人员配备、施工方案、报价、业绩、配备的施工器具及检测设备等方面考虑，选择合适的施工单位。

第三节 施工过程的巡视检查

监理员的巡视检查，可以分为管线施工和设备安装阶段两部分。

一、在管线施工阶段，巡视检查质量控制要点为：

1．对进场管线的验收，核对规格、型号和产地是否与图纸相符，杜绝假冒伪劣产品进场使用。

2．线缆施工完毕应有明显的标识，为检查、校线、接线提供方便。

3．通信管线与其他系统管线之间的距离，应符合表 12-1、表 12-2 的规定：

与室内其他管线间距　　　　　　　　表 12-1

最小净距(mm) 相互关系	其他管线 电力线路	压缩空气管	给水管	热力管 (不包封)	热力管 (包封)	煤气管
平行净距	150	150	150	500	300	300
交叉净距	50	20	20	500	300	20

与室外地下其他管线、建筑物最小净距　　　　表 10-2

其他地下管线及建筑物名称		平行净距(m)	交叉净距(m)
给水管	300mm 以下	0.5	0.15
	300~500mm 以下	1.0	
	500mm 以上	1.5	
排水管		1.0 注①	0.15 注②
热力管		1.0	0.25
煤气管	压力≤300kPa	1.0	0.3 注③
	300kPa<压力≤800kPa	2.0	
电力电缆	35kV 以下	0.5	0.5 注④
	35kV 以上	2.0	
其他通信电缆、弱电电缆		0.75	0.25
绿化	乔木	1.5	
	灌木	1.0	
地上杆柱		0.5~1.0	
马路边石		1.0	
电车路轨外侧		2.0	
房屋建筑红线(或基础)		1.5	

注：1．主干排水管后敷设时，其施工沟边与通信管道间的水平净距不宜小于 1.5m；
2．当管道在排水管下部穿越时，净距不宜小于 0.4m，电信管道应做包封，包封长度自排水管两侧各加长 2m；
3．与煤气管交越处 2m 范围内，煤气管不应做结合装置和附属设备；如上述情况不能避免时，电信管道应做包封 2m；
4．如电力电缆加保护管时，净距可减至 0.15m。

4．监督正确的放线方法是否实施。放线不得有扭曲、划伤。
二、在设备安装阶段，监理员巡视检查时应注意以下几个方面：
1．设备的接线应符合接口要求，布线应整齐，标识清楚；
2．设备应有专门的接地引下线，接地标志明显，接地阻值符合设计或规范要求，单独的接地阻值≤4Ω，联合接地阻值≤1Ω；
3．设备的布置在满足设计要求的前提下，尽量方便使用和注意美观；
4．机房应有防静电措施，温度需保持在 18~20℃，相对湿度保持在 40%~70%之间。

第四节　系统调试及验收

通信网络系统安装完毕后，监理员应要求承包商编写详细的调试方案，并组织落实调试计划，监理员需参加调试，并在调试记录上签字。承包商调试完毕自检合格后，监理可建议业主向有关通信主管部门报验。由于通信系统专业性较强，最终以有关主管部门的验收为准。

一、承包商在报验时需提交以下资料：

1．图纸；

2．验收隐蔽记录；

3．有关工程变更；

4．承包商有关调试报告；

5．产品说明书及其他有关随机文件。

二、由于子系统不同，验收测试要求也不同。在常用的固定电话系统验收所进行的测试中，监理员应注意以下几个方面：

1．在测试期间系统不得发生瘫痪；

2．软件测试故障应不大于 8 个，由于元件等损坏，须更换印刷板的次数不大于 0.13 次/100 户；

3．将 12 对话机保持在通话状态 48h，同时将高话务量加入交换网。48h 后通话路由正常，话费正确，有长时间通话输出。

通信网络系统一般由主管部门验收，业主、监理、设计、施工单位参加。在此之前由监理预验收，验收程序参见十八章有关内容。主管部门验收后，如果系统合格，由业主、设计、施工、监理、主管部门在验收报告上签字盖章。如果验收不合格，则由承包商整改后重新报验，方法同上，直至验收合格。

第十三章 综合布线系统质量监理

第一节 施工过程及工艺要求

一、综合布线系统的构成

综合布线系统是一个模块化的、灵活性极高的建筑物内或建筑群之间的信息传输通道，可以传输语音、图像和数据，是智能建筑的"信息高速公路"。综合布线系统一般采用星型拓扑结构，可以分为6个子系统：

1. 工作区子系统，由终端设备到信息插座的连线组成；
2. 水平子系统，由楼层配线间管理区到工作区的信息插座组成；
3. 管理区子系统，由楼层配线间设备及其跳线组成；
4. 干线子系统，由设备间和楼层配线间的连接线缆组成；
5. 设备间子系统，在机房中，包括配线架、配线架跳线和各种输入、输出设备；
6. 建筑群干线子系统，由连接不同建筑物之间的线缆组成；
7. 综合布线系统的产品升级很快，目前六类线、超六类线大量被采用，系统具有兼容性、开放性、可靠性、规范性和经济性。

二、综合布线系统的性能指标

综合布线系统是用来传输语音、数据和图像的，要保证传输的速率、可靠性和传输容量，对各种线缆及连接设备的性能有具体要求。

线缆的性能指标如下：

1. 特性阻抗，是主要特性之一，正常特性阻抗有 100Ω、120Ω 和 150Ω 几种，特性阻抗不能超过正常阻抗的 15%；
2. 回波损耗，是衡量通道阻抗一致性的；
3. 衰减，是信号沿传输通道的损耗量度；
4. 近端串扰，发射端一对信号传输时对另一对线中信号的干扰程度；
5. 衰减/串扰比；
6. 直流环路电阻；
7. 传输延时。

其中前4项为主要性能指标，验收时这些性能指标必须满足设计要求。

第二节 施工前的准备和监理预控措施

和其他弱电系统一样，对于综合布线系统监理员在施工前也需要做两件事：一、图纸会审，二、协助业主选择一个有经验的施工单位。

一、图纸会审

综合布线系统的设计在整个建设过程中起着决定性的作用。在审查图纸时,监理员应着重查看以下几个问题:

1．系统的设计等级可否满足实际需要。设计等级可以分为基本型、增强型和综合型三种。基本型适合配置标准较低的场所,只使用铜芯双绞线,每个工作区有一个信息插座;增强型适合中等配置场合,使用铜芯双绞线,每个工作区有 2 个或 2 个以上信息插座;综合型适合配置较高的场所,采用光缆和铜芯双绞线混合布线,其他要求基本上同增强型布线方式。

2．系统的设备和线缆选择的先进性和经济性如何。目前各大综合布线产品生产厂家的技术进步越来越快,线缆等级和性能越来越高。目前超六类线、七类线在市场上以大量出现,价格比五类线较高。因此系统设计在选择线缆设备时不可盲目追求高标准,在具有适当先进性的前提下,应考虑到系统的实际造价。为了系统以后适应性强,垂直干线子系统应适当布置一些光缆。

3．系统的冗余度如何。

4．系统的过流保护和过电压保护。综合布线的过电压保护可选用气体放电管保护器或固态保护器;过流保护宜选用能够自动恢复的保护器。

二、协助业主选择一个合适的施工单位。

1．施工单位的业绩,需要查看其已完工程的施工质量,重点查看机房布置、跳线质量;

2．人员配置,主要查看组织结构、专业人员配置可否满足本工程的实际需要;

3．施工方案,主要查看施工方案中调试步骤和连接、调试的工器具配置情况;

4．施工单位报价是否合理,有无漏报或重报项目;

5．了解施工单位的售后服务情况。

最后,应协助业主签订一份公正的合同。

第三节 施工过程的巡视检查

综合布线系统施工,监理要加强巡视检查,以保证施工质量和进度。监理员所做工作主要有:

一、对线缆和连接硬件的进场验收

对进场的线缆和连接硬件的规格型号、质量进行验收。缆线标识应齐全,有出厂合格证和出厂检验报告,如果监理员对质量有怀疑,可以要求施工单位对进场线缆和连接硬件进行抽检。抽检一般可用电缆测试仪对电缆长度、衰减、近端串扰等技术指标进行测试。对于光缆,应测试光纤衰减常数和光纤长度,结果应符合相应的标准。

二、对桥架、线槽、配管的施工要求

1．预埋线槽和暗管敷设缆线应符合下列规定:

敷设暗管宜采用钢管或阻燃硬质 PVC 管。布放多层屏蔽电缆、扁平缆线和大对数主干电缆或主干光缆时,直线管道的管径利用率应为 50%～60%,弯管道应为 40%～50%。暗管布放 4 对对绞电缆或 4 芯以下光缆时,管道的截面利用率应为 25%～30%。

预埋线槽宜采用金属线槽,线槽的截面利用率不应超过 50%。

2．预埋暗管保护要求如下：

（1）预埋在墙体中间暗管的最大管径不宜超过 50mm，楼板中暗管的最大管径不宜超过 25mm。

（2）直线布管每 30m 处应设置过线盒装置。

（3）暗管的转弯角度应大于 90°，在路径上每根暗管的转弯角不得多于 2 个，并不应有 S 弯出现，在弯头的管段长度超过 20m 时，应设置管线过线盒装置；在有 2 个弯时，不超过 15m 应设置过线盒。

3．设置缆线桥架和缆线线槽保护要求如下：

（1）桥架水平敷设时，支撑间距一般为 1.5～3m，垂直敷设时固定在建筑物构体上的间距宜小于 2m，距地 1.8m 以下部分应加金属盖板保护。

（2）金属线槽敷设时，支架或吊架间距一般为 3m；线槽接头处、转弯处、离开线槽两端出口 0.5m 处，均应设置支、吊架。

（3）塑料线槽槽底固定点间距一般为 1m。

4．明配管应排列整齐、横平竖直，固定点间距离应均匀；管卡、吊架与终端、转弯中点、过路箱、分线箱或交接箱边缘的距离应为 100～300mm，中间管卡、吊架的最大间距应符合表 13-1 和表 13-2 的规定。

钢管中间管卡的最大间距　　表 13-1

钢管敷设方式	钢管名称	钢管直径(mm)			
		15～20	25～32	40～50	50 以上
		最大允许间距(m)			
吊架、支架敷设或沿墙管卡敷设	厚钢管	1.5	2.0	2.5	3.5
	薄钢管	1.0	1.5	2.0	

硬塑料管中间管卡最大间距　　表 13-2

管卡最大间距(m) 敷设方向	硬塑料管公称直径(mm)	15～20	25～40	50 及以上
水　平		0.8*	1.2*	1.5
垂　直		1.0	1.5	2.0

* 表示所列允许间距内穿放电话线计算，若管内穿放通信电缆时，可前进一档选用，如：水平间距 1.2m，前进一档为 0.8m，以此类推。

三、对线缆布线的要求

1．线缆应平直，不得有纽绞、打圈等现象，两端应有标识；

2．一般要求如下：

（1）非屏蔽 4 对双绞线（UTP）≥4 倍的电缆外径；

（2）屏蔽 4 对双绞线（FTP）≥6～10 倍的电缆外径；

（3）大对数电缆≥10 倍的电缆外径；

（4）光缆的弯曲半径应至少为光缆外径的 15 倍；

（5）电源线、综合布线系统缆线应分隔布放。缆线间的最小净距应符合设计要求，并应符合表 13-3 的规定。

对绞电缆与电力线最小净距　　　　　表 13-3

条件\单位范围	最小净距(mm)		
	380V <2kV·A	380V 2.5~5kV·A	380V >5kV·A
对绞电缆与电力电缆平行敷设	130	300	600
有一方在接地的金属槽道或钢管中	70	150	300
双方均在接地的金属槽道或钢管中	注	80	150

注：双方都在接地的金属槽道或钢管中，且平行长度小于10m时，最小间距可为10mm。表中对绞电缆如采用屏蔽电缆时，最小净距可适当减小，并符合设计要求。

3．缆线终接

（1）对绞电缆芯线终接时，每对对绞线应保持扭绞状态，扭绞松开长度对于5类线和超5类线不应大于13mm，对于3类线不应大于25mm。

（2）屏蔽对绞电缆的屏蔽层与接插件终接处屏蔽罩必须可靠接触，缆线屏蔽层应与接插件屏蔽罩360°圆周接触，接触长度不宜小于10mm。

（3）光缆芯线终接应采用光纤连接盒对光纤进行连接、保护，在连接盒中光纤的弯曲半径应符合安装工艺要求。

（4）各类跳线终接时，跳线长度应符合设计要求；一般对绞电缆跳线不应超过5m，光缆跳线不应超过10m。

（5）光缆芯线连接损耗值，应符合表13-4的规定。

光纤连接损耗　　　　　表 13-4

连接类别	光纤连接损耗(dB)			
	多 模		单 模	
	平均值	最大值	平均值	最大值
熔　接	0.15	0.3	0.15	0.3

4．其他有关要求详见中国工程建筑标准化协会标准：CESC89：97.5建筑与建筑物综合布线系统工程施工和验收规范。

四、配线设备安装的要求

1．机架的垂直偏差度应不大于3mm；

2．有良好的接地；

3．接线整齐、标识清楚；

4．机柜、机架上的各种零件不得脱落或碰坏，漆面如有脱落应予以补漆，各种标志应完整、清晰；

5．机柜、机架的安装应牢固，如有抗震要求时，应按施工图的抗震设计进行加固。

第四节　系统的测试

一、电缆传输通道的测试

综合布线系统安装过程中和安装结束时，都需要对系统进行测试。施工过程中的测试称为验证测试,用以保证每一个连接的正确性。施工完毕后对系统依照某一标准进行逐项的比较,以便确定系统能否全部达到设计要求,这种测试称为认证测试,可以分为连接性能测试和电气性能测试。

对于这两种测试,监理都需参与,并要求施工单位提供相关测试记录。

1．验证测试

对于验证测试,监理员可以抽查,抽查比例可以定为10%,可采用单端电缆测试仪进行检测,用以检查施工单位的施工质量。施工中最常见的错误是:电缆标签错、连接开路、双绞电缆接线错以及短路。

2．认证测试

对采用的线缆及相关连接硬件以及施工工艺质量的检测,由认证测试完成。该认证测试可以分为两种模型:基本链路和通道。

基本链路用来测试综合布线中的固定链路部分。由于综合布线施工单位通常只负责这部分的链路安装,所以基本链路又被称作承包商链路。它包括最长90m的水平布线,两端可分别有一个连接点以及用于测试的两条各2m长的连接线。

通道用来测试端到端的链路整体性能,又被称作用户链路。它包括最长90m的水平布线、一个工作区附近的转接点、在配线架上的两处连接以及总长不超过10m的连接线和配线架跳线。

这两者最大的区别就是基本链路不包括用户端使用的电缆(这些电缆是用户连接工作区终端与信息插座或配线架与集线器等设备的连接线),而通道是作为一个完整的端到端链路定义的。它包括了连接网络站点、集线器的全部链路,其中用户的末端电缆必须是链路的一部分,必须与测试仪相连。

测试参数为:接线的线号正确与否、长度、衰减、近端串扰。

监理员应参与测试,查看测试结果能否达到产品和设计要求。

二、光缆传输通道的测试

光纤或光纤传输系统,基本的测试内容有:连续性和衰减/损耗,光纤输入和输出功率,分析光纤的衰减/损耗,确定光纤连续性和发生光损耗的部位等。

用光纤测试仪完成测试后,施工单位需向监理提交表13-5:

光纤损耗测试数据单 表13-5

光纤标识:			测试日期:	
区域:地点X的末端 地点Y的末端			末端X的操作员: 末端Y的操作员:	
测试要求:max 期望损耗小于　　dB				
光纤号	波长(nm)	在X位置的损耗读数 L_x(dB)	在Y位置的损耗读数 L_y(dB)	总损耗为 $(L_x+L_y)/2$(dB)
1				
2				
3				
4				

续表

光纤标识:		测试日期:	
区域:地点 X 的末端 地点 Y 的末端		末端 X 的操作员: 末端 Y 的操作员:	

测试要求:max 期望损耗小于　　　dB

光纤号	波长(nm)	在 X 位置的损耗读数 L_x(dB)	在 Y 位置的损耗读数 L_y(dB)	总损耗为 $(L_x+L_y)/2$(dB)
5				
6				
7				
8				
9				
10				
11				
12				

第五节 监理的验收

结构化综合布线系统的监理验收工作可以分为三个主要部分,第一是施工文件的验收,第二是布线系统通信特性的验收,第三是布线施工中遵守施工标准情况的验收。其中,施工文件的验收是其他验收的必要条件,通信特性的验收是最主要的验收内容,施工情况的验收是重要的补充。

布线系统的施工文件主要包括四个部分:第一是设计图纸,包括总体结构图、独立系统结构图、信息点分布图和编号等;第二是施工图纸,包括布线管道施工图、各楼层的结构化综合布线配线平面图、结构化综合布线系统拓扑结构图和立面结构图、接线间设备图、主干走线图和其他相关设备间的设备图等;第三是施工记录以及与设计图纸和施工图纸相应的竣工图纸,在实际施工中多少会对原设计有修改,这部分文件必须明确反映这些修改内容;第四是维护文件,包括布线系统使用说明书、维护说明书、配线编号表、跳线编号表以及必要的安装维护记录等。上述文件是整个布线工程的记录,也是其他验收项目的必要资料,必须完整准确。

根据布线系统施工文件中的信息点编号图和信息点编号表,就可以采用国际认可的第三方测试设备,对每个信息点逐一进行通信性能测试;根据系统拓扑图、主干走线图和跳线编号表,对布线主干线缆和光缆进行测试。对信息点进行测试的主要参数基本同第四节内容。

施工情况验收工作的主要内容是查看结构化综合布线系统各子系统的施工是否符合工程规范,尤其是信息点的安装方式、高度;水平和垂直管道的敷设、保护情况;管理间和设备间的布置等。

验收是布线系统工程的最后一道步骤,是工程质量的最有效的保证,因此必须严格进行监理验收工作。

验收工作应由监理组织,业主、设计、施工各方参加。验收程序参见十八章有关内容。如果业主认为有必要,也可委托有相应资质的第三方对综合布线系统进行检测和验收。

第十四章 扩声音响系统质量监理

第一节 施工过程及工艺要求

扩声音响系统,除广泛应用于剧场、影院、宾馆、舞厅、体育馆等众多场所,通过对声源的放大等处理,来满足人们的精神文明需要外,还大量用于办公楼内会议室、娱乐中心、公共场所背景音乐等处,也用于紧急状态下的消防广播报警。

一、扩声音响系统的构成

典型的扩声音响系统构成如图 14-1 所示:

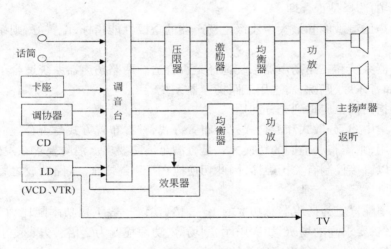

图 14-1 典型扩声音响系统构成

按照使用场所和使用功能的不同,扩声音响系统可以分为以下五类:

1. 室外扩声场所,特点是服务区域面积大,声音传播以直达声为主,对扩声功率要求较大。
2. 室内扩声系统,应用最广泛,需考虑电声技术、建筑声学技术,对音质要求较高。由于使用要求不一致,对混响时间的值的要求也不一样。
3. 流动演出系统。
4. 公共广播系统,可为建筑提供背景音乐和广播节目,目前也兼作消防应急广播。由于扬声器负载多而分散,传输线路长,通常采用定压输出。
5. 会议系统,包括会议讨论系统、表决系统和同声传译系统,发展很快,广泛应用于会议中心、多功能厅和报告厅。

二、扩声音响系统的性能指标

音响效果的评价可以分为"客观测量"和"主观评价"两部分,这两部分既不能互相代替,也不是互相独立的。

1. 主观评价

主要指标有声音的柔和度、丰满度、透明度、浑浊度、清晰度、平衡度和声音的染色等。

2. 客观测量指标

主要指标有传输频率特性、混响时间、传声增益、声场不均匀度、总噪声和失真度等。由于歌舞厅、音乐厅、剧场、体育馆具体使用要求不一样，评价指标也有所不同。

第二节 施工前的准备和监理预控措施

和其他系统一样，扩声音响系统在施工前监理也应着重做好两件事：图纸会审和协助业主选择合适的施工单位。

一、图纸会审

目前，扩声音响系统产品技术成熟、品牌众多，虽然系统框图差不多，可系统却千差万别。监理员在图纸会审时，应注意以下几个方面：

1. 扬声器的选择是否合理

扬声器的声压灵敏度和最大声压级是扬声器的重要性能指标，配置好，则系统具有良好的性能价格比。

两路扬声器系统和三路扬声器系统选择是否合适。两路扬声器系统适合于舞厅。要求较高的场所，如音乐厅、剧院，需选用三路扬声器系统。

扬声器箱指向性也应得到充分利用。

扬声器有集中式、分散式和混合式三种布置方式，查看布置方式是否合理。若与消防系统的扬声器共用，则需查看他们的切换方式是否满足消防要求。消防要求在发生火灾时，消防控制中心可以直接控制有关扬声器，因此切换应在扬声器之前，线路功放之后。

2. 功放的配置是否合理

功放的功率配置应为扬声器总功率的 1~2 倍，建议一般工程功率配比为 1.2 倍，低音部分超过 1.5 倍；要求高的场所，如音乐厅、剧场等，功率配比为 2 倍。失真度也是选择功放的一个重要指标，要尽量使用失真度小的功放。

3. 调音台的选择是否合理

选择时应考虑以下四个方面：

(1) 满足使用功能即可，不必片面追求高档、先进进口设备；

(2) 要有良好的技术性能指标；

(3) 操作方便，工作可靠；

(4) 具有很好的性能价格比。

4. 周边器材的搭配尽量考虑实用、兼容性。

二、协助业主选择合适的施工单位

光有一大堆优质设备，没有一支好的施工单位，也无法做成一个优良的扩声音响系统工程。监理员在协助业主选择合适的施工单位时，需做好以下几件事：

1. 对待选施工单位的已完工程进行实地查看。

着重查看各种配线的布置是否整齐有序，接头是否满足要求；

另外需要将系统打开,主观视听音响系统的效果。
2．人员配置;
3．施工方案;
4．系统调试的保证措施,其中应含保修阶段的保证书;
5．报价的合理性。

扩声音响系统的报价,不确定性因素很多,要求报价需注明数量、产地、规格,杜绝不完全报价和隐藏报价,报价的清单要一致。报价比较时,档次在差不多水平的才具有可比性。

第三节　施工过程的巡视检查

在施工过程中,监理要加强巡视检查,控制要点有:
1．加强进场材料和设备的报验

对施工单位上报的材料和设备,应及时验收,查看质保资料(合格证、检验报告等)、规格、型号产地与设计合同是否一致。

2．注意与其他专业的协调

扩声音响系统施工时,经常与装饰、强电、水、暖通等专业产生矛盾,监理员要加强协调。

3．扬声器的安装应符合以下要求:
(1) 保证观众席声场分布均匀;
(2) 大部分观众席上声源方向感觉良好,即声象一致性好;
(3) 避免产生啸叫;
(4) 安装应牢固、美观。

4．线路敷设

布置应整齐,回路明确,避免被强电干扰,接插头符合接触阻抗要求和其他一些特殊要求。

5．机房设备布置

机房设备布置应满足使用要求和功能要求。在机房中应可以直接看清楚舞台上的情况。机房四周尽量避免强电源干扰。

第四节　系统测试和监理验收

扩声音响系统安装完毕后,施工单位可以自行或委托有资质的单位对工程进行测量,监理员要参与测量,并要求施工单位提供相关的测量报告。

目前市场上比较流行的测试软件为美国 JBL 公司的 Smart 软件,它可以精确测量各点的声场、系统频率特性、混响时间和各种声波的衰减频率。它能精确调整好系统的均衡特性和延迟量,使系统可以获得最佳的音响效果。

施工单位安装调试完毕后,需向监理提交以下资料:
1．竣工图纸,含系统图和平面图;
2．各种施工验收记录;

3．完整的测试报告；

4．有关产品说明书及其他随机文件。

最后由监理组织业主、设计、施工及其他有关部门对系统进行验收。验收程序可参见十八章有关内容。

第十五章 住宅(小区)智能化系统质量监理

第一节 施工过程及工艺要求

住宅是人们居家生活的基本单元场所,智能化应服务于人们的居家生活,使之更全面、更富有人性化。智能家居的组成部分很多,但必须具备以下的条件和素质:有网络高速接入功能,即 Internet 网高速通道,应该有足够宽的频带,以解决网络传输速率;有火警、煤气泄露、幼儿和老人求救、远程医疗与监护、开关门报警等家居安全监控功能;有符合在家办公需求的家居办公条件;在家居管理方面,能实现水、电、气三表远程传送收费、家居商务,如网上购物、网上商务联系等;家居娱乐包括 VOD 视频自动点播、视频会议、远程教学、交互式电子游戏等。

对于智能小区,应满足以下要求:
1. 对区内居民提供"舒适、安全、高效"的家庭生活空间;
2. 具有信息高速公路的家庭接口,有快速、全方位的信息交换功能;

图 15-1 智能化小区的构成

3. 提供丰富多彩的文化娱乐生活,可提供家庭教育服务;

4. 提供远程医疗服务;

5. 小区的物业管理能做到"高效、周到、系统"。

智能住宅小区系统框图如图 15-1 所示:

对于住宅小区的智能化系统,可以说是目前所有建筑物智能系统的小而全、大综合。由于小区的档次不同,小区所拥有的子系统也不同,性能要求也不一样。总的来说,对于语音、图像、数据等信息来说,智能住宅小区的性能要求有:语音清晰,报警及时,误报率低,传输速率符合相应要求,系统稳定,操作方便。

第二节 施工前的准备和监理预控措施

依据家庭住宅所具有的智能化程度不同,智能家居的设计档次也不同;同样,智能小区档次也分为三个层次。因此,监理员在设计图纸会审时应审查智能住宅小区的系统设计与小区的档次是否相符。

一、审查设计的系统与需求是否相符,可根据下列标准进行:

对于智能住宅,有如下三个层次:

1. 普通型,仅满足家庭的基本保安需求,包含火灾报警、防盗系统和家居对讲系统;

2. 先进型,既有家庭保安系统,又有家庭自动化系统,除了普通型具有的系统外,还包括家电、有关实施控制系统和水电气三表自动远程抄表;

3. 超前型,具有家庭智能化功能。除了先进型具有的系统外,还包括宽带 IP 服务,IC 卡一卡通和物业数据库系统。

二、同样,智能小区也有三个层次,包含系统也不同:

1. 普及型,成本中等,包括计算机管理系统,和水电气三表自动收费系统,周界防越系统,出入口管理系统,对小区重要设备进行监控,与智能住宅连网;

2. 先进型,成本较高,包含普及型的全部系统,与城市网相连,住户可通过网络终端上网;

3. 领先型,成本最高,约为总投资的 1%~2%,实现了各系统集成。

审查图纸时除了考虑系统的个数外,还要考虑所选设备的规格、容量、安全性、可操作性。在图纸审查完毕后,还需协助业主选择一个合适的承包商。选择承包商,还是从资质、人员、工器具配置、业绩和报价等方面综合考虑。

第三节 施工过程的巡视检查

对于智能住宅小区施工,可以分为管线施工、设备安装和调试三个阶段。监理员在巡视检查时,也要针对不同的时间段订立不同的检查要点。同样,不同的系统要点也不一样。

一、管线施工

施工时除要符合《建筑电气工程施工质量验收规范》(GB 50303—2002)的有关条文外,还要符合以下一些特殊要求:

1. 对于小区综合布线系统,家庭各信息点至小区管理中心水平距离不超过 150m,各信息点至相应配线架距离不超过 90m,其他要求可以参照"综合布线系统"一章有关规定。

2．周界防越系统,各种探测器安装需符合相应的安装要求。如视线式探测器安装,在主动探测器的发射机和接受机之间地面需平整。

3．由于弱电线路和强电线路有时在楼梯间平行布线,要求强弱电管线之间、不同弱电管线之间距离应符合有关规定。

4．一些安全防范系统的布线尽量隐蔽,防止被破坏。

二、设备安装

1．各种端子箱、接线箱安装方式、地点既满足需要,又要考虑到装潢美观;

2．摄像头安装应牢固、隐蔽,配线具有适当的余量;

3．家用报警控制器的安装位置、标高应便于操作;

4．煤气泄露传感器的安装要不影响使用,也要便于维修;

5．家用信息点的布置标高、位置需考虑以后家具的布置。

三、系统调试

符合有关系统的调试要求,具体内容可参见有关章节。本处要求各主机运行可靠,符合使用要求。

强调一点,设计对每户上网容量、速率有明确规定。如有的设计要求每户上网速率为 10Mbps,系统调试时应测试实际能达到的上网速率,如达不到 10Mbps 的设计要求,施工单位需分析原因并及时整改。

第四节 监理的验收

智能住宅小区安装调试合格后,监理组织业主、施工、设计和有关方面进行验收。验收程序可参见十八章有关内容。必要时也可以组织有关专家组进行验收。验收前,施工单位需向监理提供以下资料:

1．设计图纸及变更记录;

2．各种工序材料报验单;

3．有关调试报告;

4．施工单位自评报告;

5．有关产品说明书及随机其他资料。

验收可分系统有步骤地进行,验收合格各方需在验收报告上签字。如验收中存在问题,可要求施工单位整改,整改完毕后再报验,直到验收合格为止。

第十六章　建筑智能化系统集成的质量监理

第一节　施工过程及工艺要求

目前,许多智能建筑的各个系统是相互独立的,所采用的主流技术、系统管理、数据传输等互不干扰。虽然各个子系统可单独发挥作用,却给整个智能建筑管理带来一些麻烦,如控制室多、管理人员多,还有资源浪费。进入 21 世纪后,随着计算机技术、网络技术、通信技术和软件技术的飞跃发展,对智能建筑的有关子系统进行集成已经成为可能。

完整的系统集成工程包括以下几个方面要求:
1. 收集各智能化系统的工作状态数据,输入统一的数据库;
2. 根据预先设定的运算逻辑,处理和分析设备运行状态数据,作出相应的处理决策;
3. 综合应用各智能化系统的功能,满足用户提出的复杂动作要求;
4. 在各种智能化设备之间建立网关或通信接口,提供所需要的数据通道或数据转换处理;
5. 为大厦管理机构提供统一友好、高效直接的管理平台和软件界面;
6. 对各种信息进行综合分析,生成可供大厦管理人员、大厦用户等各方面人员使用的有效信息;
7. 收集大厦内外的各种信息,建立分类的综合信息库;
8. 完成大厦物业管理、设备管理、收费、人员调度等各种操作;
9. 向大厦用户提供 Internet/Intranet/Extranet、E-mail 等各种信息服务。

目前,在智能大厦的建设中,系统集成部分的设计和实施能力,系统集成的功能和水平普遍比较落后,存在着用户需求难以明确、软件开发周期长、软硬件配合要求高、各子系统的软件和数据库技术不公开,以及专业技术人员缺乏等困难。所以,比较普遍的做法是以信息集成或者办公自动化代替完整的系统集成。

如今,由于技术和管理还不规范,系统集成的性能指标不明确,实际中主要看系统可否满足用户的要求。概括地讲,主要看是否技术先进、系统开放、操作安全、经济合理、人机界面友好程度和可扩展性。

总之,系统集成是把楼宇自动化系统(BAS)办公自动化系统(OA)和通讯自动化系统(CA)集成于一个平台,对各子系统工作状态进行监控,并可提供管理服务,如查询服务、物业管理服务,并通过 Internet/Intranet 与外界实现数据共享。

第二节　施工前的准备和监理预控措施

设计是建设工程的灵魂,这句话在系统集成建设中最能体现了。一个好的设计,不仅可使质量得到保证,而且可以节约投资、能源和运行成本。

因此,监理员在施工前应着重做好图纸会审,以避免工程施工具有先天不足。

一、审查的重点如下:

1. 系统是否采用并行处理分布式控制模式;
2. 是否采用同一界面的操作系统;
3. 是否采用模块化结构,并完全具有开放性;
4. 系统可否升级,升级可否保护现有的硬件投资;
5. 系统的可操作性如何;
6. 系统的可靠性如何;
7. 在保证控制精度和管理水平的前提下,可否节约能源和运行成本。

如果以上7条都可以保证,则说明设计是成功的。

二、除了做好图纸会审外,监理员还应协助业主选择合适的系统集成商。所谓系统集成商,是既提供产品,又提供工程施工管理的承包商。选择承包商应从以下几个方面考虑:

1. 系统集成商提供的服务如何

系统集成商应可以提供工程管理服务,可进行系统一体化设计,提供系统硬件和软件,培训用户,提供系统的维护和技术支持。

2. 具有专业配套的技术人员和管理人员

系统集成商的人员配备,既有各专业系统所需技术人员,又要有工程项目管理人员,以保证设备配置、安装、集成、测试的质量和进度。

3. 系统集成商是否具有相应集成系统的建设经验

系统集成商是否了解用户对系统功能的需求,是否具有各种弱电系统、各种局域网和广域网的集成和联网经验,是否熟悉各弱电系统组成结构、功能和技术特点,以及各种公用或专用的通信媒体,并具有安装和调试的经验,是否构造过类似的弱电系统工程,以及具备相应的工程设计、施工的资质(如:消防、保安等);

4. 系统集成商的科技领导水平

对于那些声称具有科技领先地位的系统集成商,应深入调查他们对智能建筑物管理系统所应具有的多方面技术(如:计算机技术、控制技术、通信网络技术、图形多媒体显示技术等)的研究程度,调查他们对相应系统产品或设备的熟悉程度,以及了解他们今后研究和发展的技术方向,是否有能力紧跟上述技术的前沿;

5. 系统集成商应熟悉各子系统的硬件和软件界面

系统集成商应能够开发和提供与各子系统,以及相应智能机电设备(如:电梯、冷水机组等)的接口界面协议;

6. 系统集成商应具有自己的测试环境

系统集成商应有独立调试系统的能力,应在系统开通前,通过实验环境检测各子系统的功能和软、硬件配置的完整性,并建立一个实验程序来检测各个子系统是否协同工作;

7. 系统集成商是否支持将来的技术

一方面,如果系统集成商不能和技术领域的新发展共同前进,他们将被淘汰;另一方面,用户需求在不断地变化,系统的规模也会不断扩充。因此,系统集成商应能不断将新技术、新设备、新思路带给用户,为用户提供长期的服务。

三、在选择系统集成商的时候，也不要排除与各种不同技术公司合作的可能性。

例如，可以选择楼宇自动化系统(BAS)、综合保安系统(SMS)、火灾报警系统(FAS)等设备供应商来负责提供智能建筑系统集成的设备和进行工程上的配合，可以选择计算机集成公司负责OA系统的计算机设备和软件编制时的合作(服务器、工作站、外设等)，而网络集成公司则负责网络设备和联网调试时的配合。这样，就可以充分发挥他们各自的技术优势，互相弥补各自的不足。但是，有一点是需要特别确认的，负责智能建筑物管理系统总承包的系统集成商，应该有能力进行整体系统一体化的设计、工程施工、安装和调试。这些工程内容的范围是不可分包的，否则将影响工程的建设工期、质量和系统的集成能力(集成能力指系统集成后的中央管理层对各子系统功能体现的完整性)。

四、最后，监理还应召开一次专题会议，让系统集成商明确监理有关制度，如材料设备、工序报验制度、专题例会制度等，以及出现专业交叉的协调问题，做好事前控制和主动控制。

第三节　施工过程的巡视检查

智能建筑系统的集成、布线和设备安装的工程量不是很大，关键在于软件安装和系统调试。

一、在布线和设备安装时，监理员质量控制要点为：

1. 系统集成的布线，可以参见楼宇自动化系统一章有关内容；

2. 协调好系统集成商与子系统分包商的关系，如集成系统与分系统控制主机的接口、数据交换模式、优先权等；

3. 系统集成的中央控制室的安装环境应符合设计要求，如应急照明、防火要求和通风采暖要求等；

4. 设备安装应牢固、接线整齐、标识清楚。

系统调试时，监理员应要求系统集成商提供详细的调试方案。调试前要保证安装软件的硬件环境具备。

二、调试的主要内容有：

1. 使系统联网成功

各子系统与控制主机、服务器等联网成功，子系统与上位机可进行数据交换；控制主机可对相应的设备进行监视或控制，系统稳定，并且满足相应的传输速率；

2. 服务器工作正常

服务器中数据更新正常，可以做到资源共享；

3. 网络管理系统正常

网络管理系统运行正常，系统配置管理、性能管理、故障管理、计费管理和安全管理都能做到及时可靠；

4. 系统与外界联网成功

系统与Internet/Intranet联网成功，可以上网公布信息，收发电子邮件，并具有防火墙功能。

三、系统的监理验收

智能建筑系统集成安装、调试完毕后，系统集成商应向监理提供以下资料：

1．各种图纸,包括平面图和系统图,设计院图纸和系统集成商自己深化设计的图纸;
2．各种工序、材料设备报验单;
3．各种施工记录;
4．有关调试报告;
5．产品说明书及其他随机资料；

系统集成的验收工作,并没有严格的国际标准。因此,验收时主要以满足业主的实际需求为依据。

监理组织业主、施工单位、设计和有关部门对系统进行验收。验收程序可参见十八章有关内容。

系统集成验收的一般要求包括五方面内容。第一是对智能大厦内已经建成使用的智能化系统的监视能力的验收,是否完成在统一操作界面上监视所有系统的工作情况;第二是对应该要求联动的各智能系统的联动能力的验收,例如消防系统和紧急广播系统的联动能力等;第三是对大厦各种物业管理、设备管理和人员管理系统的验收,考察是否达到设计要求;第四是对大厦信息服务系统的验收,考察必要的信息、资料、数据库和信息传输渠道是否达到设计要求;第五是对用于集成的各种通信设备的验收,例如考察通信网关的性能等。

系统集成工作在智能大厦的建设中占有越来越重要的地位,因此系统集成的验收也将越来越严格、科学和全面,这将有待于国内智能大厦建设者和管理者,以及我国建筑法规制订单位共同努力,形成规范。

第十七章　电源及防雷接地质量监理

第一节　施工过程及工艺要求

建筑弱电系统对电源、防雷、接地要求较高，下面分别加以阐述施工过程和工艺要求。

一、建筑智能化系统的电源施工

许多弱电系统，如火灾报警系统、通信系统、安全防范系统，都要求长期无间断连续运行，既要求有交流电源，也要求有直流电源。

对于交流供电系统，可采用二路市电加一台应急发电机组保证不间断供电，也可采用二路市电在末端切换后再加一台不间断电源（UPS）来保证持续供电。

对于直流供电系统，经常采用方式如图 17-1：
两路交流电

交流供电系统，要求电压传输损耗小、电压稳定、谐波分量小，通常要求电压波动不大于±10%，频率变化不大于1Hz，波形失真不大于20%。

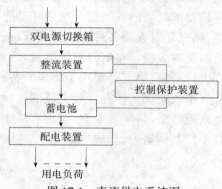

图 17-1　直流供电系统图

直流供电系统，要求系统工作可靠、电压稳定、功率符合需要。

二、接地

接地系统对于弱电工程信息传输质量、系统工作稳定性以及设备和人身安全都有重要的保证作用。目前大多采用防雷、强电共同接地形式，以自然接地体为主。

接地可以分为保护接地、弱电设备工作接地和屏蔽接地等，各种接地体可采用专门的引下线引至接地体，也可采用等电位板连接后再引至接地体，这要看具体情况。

接地电阻应满足设计要求和规范要求。共同接地体的接地电阻应不大于1Ω。

三、防雷

建筑物的防雷，主要由强电考虑。对于弱电系统，主要考虑管线防雷和弱电设备的防雷。防雷主要防雷电过电压和雷电感应。

第二节　施工前的准备和监理预控措施

由于系统的电源、接地和防雷施工，由各智能建筑子系统施工单位自己完成，监理员的预控措施主要是进行图纸审查。审查的要点如下：

一、系统电源

1．系统的供电方案符合要求。不间断电源（UPS）在办公自动化系统、建筑设备自动化系统中得到广泛应用。直流电源在保安监控系统、消防报警系统和通信系统中应用较广。

2．对于UPS的选型，要从功率和波形两方面考虑。根据不同的用电功率选择合适的功率。UPS实际负载能力为额定功率的70%左右。对于波形，方波输出适合于计算机设备，正弦波输出应用较广。

3．对于蓄电池供电，尽量选用免维护型。

二、接地

电子设备接地可分为一点接地形式、多点接地形式和混合接地形式。一点接地形式适用于低频设备，多点接地形式适用于10MHz以上电子设备，混合式接地适用于低频和高频之间的电子设备。

三、防雷

由于雷感应电势对弱电设备有影响，且其值随着接地电阻阻值的减小而增大。因此防雷接地电阻阻值并非越小越好，只要满足设计和规范要求就可以了。

第三节 施工过程的巡视检查和验收

对于电源、防雷和接地系统，监理在施工中巡视时应注意以下几个方面：

1．UPS电池应保证通风良好，防止阳光直射到电池上。

2．UPS引线最好选用多股软芯铜线。

3．接地电阻测量应考虑季节系数，测量值应乘以季节系数 Ψ_1 或 Ψ_2 或 Ψ_3。季节系数如表17-1。

各种性质土的季节系数　　　　　表17-1

土 壤 性 质	深度(m)	Ψ_1	Ψ_2	Ψ_3
黏 土	0.5~0.8	3	2	1.5
	0.8~3	2	1.5	1.4
陶 土	0~2	2.4	1.4	1.2
沙砾盖于陶土	0~2	1.8	1.2	1.1
园 地	0~2	—	1.3	1.2
黄 砂	0~2	2.4	1.6	1.2
杂以黄砂的沙砾	0~2	1.5	1.3	1.2
泥 炭	0~2	1.4	1.1	1.0
石 灰 石	0~2	2.5	1.5	1.2

注：Ψ_1——测量前数天下过较长时间的雨，土很潮湿时用之；
　　Ψ_2——测量时土较潮湿，具有中等含水量时用之；
　　Ψ_3——测量时土干燥或测量前降雨不大时用之。

4．接地引下线一般选用不小于 $35mm^2$ 的多股铜电缆；有关配电箱中如有避雷器，避雷器两端导线总长不能超过1m。

5．如有均压环，不能虚接或漏接；各有关设备应直接连接在等电位排上，该支线上不应串接其他等电位联接线，等电位联接的线路最小允许截面应符合表17-2要求。

线路最小允许截面(mm²)　　　　　　表17-2

材料	截面		材料	截面	
	干线	支线		干线	支线
铜	16	6	钢	50	16

等电位联接应标识清楚,连接处螺帽紧固,防松零件齐全。

6．防雷引下线的焊接,对于圆钢搭接焊,搭接的长度不小于6倍的圆钢直径,且双面焊;对于扁钢,搭接焊长度不小于扁钢宽度的2倍,且至少在三个棱边处焊接。

7．对于各种进户的弱电管线,要保证做到不漏接接地。

8．对蓄电池的充放电试验,包括容量、充放电时间,监理应参加旁站,确保蓄电池可以正常工作,各种充放电故障记录应显示准确可靠。

至于电源、接地、防雷的验收,其质保资料应包含在各个子系统中,由各子系统验收时一并验收。

第十八章 分部(子分部)工程质量验收

第一节 监理验收程序

建筑智能化各子系统工程安装、调试、正常运行一段时间后,监理可要求施工单位向监理竣工报验。如果弱电系统施工有总包单位,报验由总包负责,否则由各子系统施工单位负责。监理验收可分为工程质量验收和工程资料验收两部分。对于某些子系统,如消防系统、一些安全防范系统的最终交接验收需通过相应的主管部门验收。

一、工程质量验收

监理在组织弱电项目竣工验收时,可按图18-1程序进行:

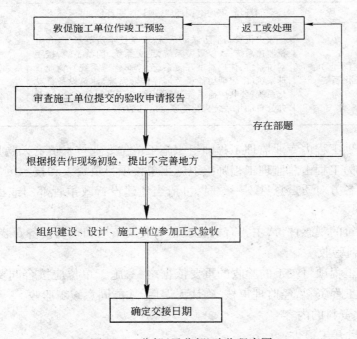

图18-1 分部(子分部)验收程序图

根据《建筑工程施工质量验收统一标准》(GB 50300—2001)的规定,建筑智能化系统工程的验收可以分为分部工程、子分部工程、分项工程和检验批四个层次,具体如表18-1所示:

验 收 层 次　　　　　　　　　　　　　　　　　　　　　表18-1

分部工程	子分部工程	分项工程	检验批
智能建筑	通信网络系统	通信系统,卫星及有线电视系统,公共广播系统	可按部位、设备、布线等划分检验批

续表

分部工程	子分部工程	分项工程	检验批
智能建筑	办公自动化系统	计算机网络系统,信息平台及办公自动化应用软件,网络安全系统	可按部位、设备、布线等划分检验批
	建筑设备自动化系统	空调与通风系统,变配电系统,照明系统,给排水系统,热源与热交换系统,冷却和冷冻系统,电梯和自动扶梯系统,中央管理工作站与操作分站,子系统通信接口	同 上
	火灾报警与消防联动系统	火灾和可燃气体探测系统,火灾报警系统,消防联动系统	同 上
	公共安全技术防范系统	电视监控系统,入侵报警系统,巡更系统,出入口控制(门禁系统,停车管理系统)	同 上
	综合布线系统	缆线敷设与终接,机柜、机架、配线架的安装,信息插座和光缆芯线终端的安装	同 上
	智能化系统集成	集成系统网络,实时数据库,信息安全,功能接口	同 上
	电源与接地	智能建筑电源,防雷与接地	同 上
	环境	空间环境,室内空调环境,视觉照明环境,电磁环境	同 上
	住宅(小区)智能化系统	火灾报警与消防联动系统,安全技术防范系统(含电视监控系统,入侵报警系统,巡更系统,门禁系统,楼宇对讲系统,住户对讲呼救系统,停车管理系统),物业管理系统(多表现场计量及远程传输系统,建筑设备自动化系统,公共广播系统,小区网络及信息服务系统,物业办公自动化系统),智能家庭信息平台	同 上

检验批及分项工程由专业监理工程师组织施工单位专业技术负责人验收。

分部(子分部)工程由总监理工程师组织施工单位项目负责人和技术负责人进行验收。

当参加验收各方对质量意见不一致时,可请当地建设行政主管部门或工程质量监督机构协调处理。

对于智能建筑的观感评价,主要有机房设备安装及布局和现场设备安装二项。

二、工程资料验收

工程资料是工程项目竣工的验收的重要依据之一,施工单位应按合同要求提供全套竣工验收所必需的工程资料,经监理审核,确认无误后,才能同意竣工验收。

1．竣工验收资料的内容

(1) 工程项目开工报告;

(2) 工程项目竣工报告;

(3) 分项、分部和单位工程技术负责人名单;

(4) 图纸会审和设计交底记录;

(5) 设计变更通知单;

(6) 技术变更核实单;

(7) 工程质量事故调查和处理资料;

(8) 材料、设备的质量合格证明;

(9) 试验、检测报告；
(10) 隐蔽工程验收记录及施工日记；
(11) 竣工图；
(12) 质量检验评定资料；
(13) 工程竣工验收及资料。

2．工程项目竣工验收资料的审核内容
(1) 材料、设备的质量合格证明材料；
(2) 试验、检验资料；
(3) 核查隐蔽工程记录及施工记录；
(4) 审查竣工图，工程项目竣工图是真实记录各种详细情况的技术文件，是对工程进行交工验收、维护、改建的依据，也是使用单位长期保存的技术资料。

1) 监理工程师必须根据"编制工程竣工图的几项暂行规定"对竣工图绘制的基本要求进行审核，以考察施工单位提交竣工图是否符合要求；
2) 审查施工单位提交的竣工图是否与实际情况相符。若有疑问，及时向施工单位提出质询；
3) 竣工图图面是否整洁，字迹是否清楚，是否用圆珠笔或其他易于退色的墨水绘制；如果不整洁、字迹不清，使用圆珠笔绘制等，必须让施工单位按要求重新绘制；
4) 审查中发现施工图不准确或短缺时，必须让施工单位采取措施修改和补充。

3．工程项目竣工验收资料的签证，监理工程师审查完施工单位提交的竣工资料后，认为符合工程合同及有关规定，且准确完整、真实，便可签同意竣工验收的意见。

第二节　验收依据(含强制性条文)

系统竣工验收可以分为监理组织的验收和建设单位组织的最终验收。监理组织的验收有关程序在第一节中已表述了。监理在验收时有关依据有：

1．设计图纸、有关变更；
2．产品安装使用说明书等随机文件；
3．建设单位与施工单位签订的有关合同；
4．国家、地区、行业有关的现行规范和标准，如没有相应的规范标准，可参照企业的有关标准或地方强制性条文。

对于国家、地区、行业有关的现行规范和标准主要有：
1.《建筑电气工程施工质量验收规范》GB 50303—2002；
2.《有线电视系统工程技术规范》GB 50200—94；
3.《民用建筑电气设计规范》JGJ/T16—92；
4.《厅堂扩声特性测试方法》GB/T4959—1995；
5.《电子计算机机房设计规范》GB 50174—93；
6.《城市住宅区和办公楼电话通信设施验收规范》YD5048—97；
7.《建筑与建筑群综合布线系统工程设计规范》GB/T50311—2000；
8.《建筑与建筑群综合布线系统工程验收规范》GB/T50312—2000；

9.《综合布线系统电气特性通用测试方法》YD/T 1013—99；
10.《建筑设计防火规范》GBJ 16—98；
11.《高层民用建筑设计防火规范》GB 50045—95(2001年版)；
12.《火灾自动报警系统设计规范》GB 50116—98；
13.《智能建筑设计标准》GB/T50314—2000；
14.《建筑物防雷设计规范》GBJ 50057—94(2000版)；
15.《建筑工程施工质量验收统一标准》GB 50300—2001。

第三节 工程交接

智能化系统工程监理验收合格后，可由建设单位再进行验收。建设单位组织有关单位验收合格后，可以进行工程交接，工程进入保修和售后服务阶段。

第三篇 电梯工程质量监理

第十九章 电力驱动的曳引式或强制式电梯安装工程质量监理

本章适用于一般工业与民用建筑中(含室内载客、载货、医用、冷库、消防、观光电梯及矿井电梯、船用电梯等)额定载重量 5000kg 以下,额定速度 3m/s 及以下各类国产、进口曳引式电梯安装工程质量监理。

本章主要监理依据为:
1. 《电梯工程施工质量验收规范》GB 50310—2002
2. 《建筑工程施工质量验收统一标准》GB 50300—2001
3. 《电梯制造与安装规范》GB 7588—95
4. 《电梯主参数及轿厢、井道、机房的型式与尺寸》GB 7025—1997
5. 《电梯安装验收规范》GB 10060—93
6. 《电梯技术条件》GB 10058—97
7. 《电梯试验方法》GB 10059—97
8. 《电梯、自动扶梯、自动人行道术语》GB/T 7024—97
9. 《电梯电气装置施工及验收规范》GB 50182—93
10. 《电梯监督检验规程》国家质量技术监督检验检疫总局 2002.1.9

第一节 电梯施工过程及监理程序

一、电梯分类见表 19-1

电梯分类表　　　　　　　　表 19-1

类型	品种	特征	备注
乘客电梯	1. 普通交流电梯	用于一般高层	一般交流
	2. 交流调速梯		一般交流快速
	3. 直流调速梯	较高级装饰	快速、高速
	4. 高速梯	高级装饰	2m/s 以上
	5. 超高速梯		5m/s 以上
	6. 住宅电梯	一般高层	1m/s 以下

续表

类　型	品　种	特　征	备　注
载货电梯	1．一般货梯	多为两面开门	一般装饰
	2．冷库梯		特殊装饰
	3．汽车库梯		大型轿厢
病床电梯	1．交流病床电梯		长型轿厢
	2．直流病床梯		
杂物电梯	1．食菜梯	小型井道	多为200kg
	2．杂物梯	中、小型井道	200～500kg
观光电梯 船用电梯	直流调速	透明轿厢、附震动和倾斜性能好	附墙式
特殊电梯	1．防爆梯	封闭型	特殊装饰
	2．耐热梯		
	3．防腐梯		
矿用电梯	矿井梯		
建筑施工电梯	1．单笼	齿轮齿条传动	附墙式
	2．双笼		

二、电梯规格型号表示方法

电梯规格型号的表示方法及含义如下：

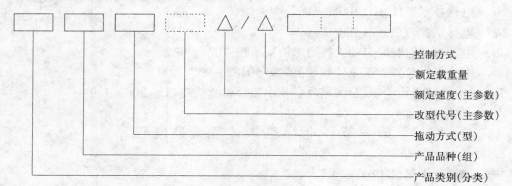

1．类别代号

T——表示汉字"梯"，拼音"Ti"。

2．产品品种代号

K——客梯；

H——载货电梯；

L——客货两用电梯；

B——病床电梯；

Z——住宅电梯；

W——杂物电梯；

C——船舶电梯；

G——观光电梯；
Q——汽车用电梯。

3．拖动方式代号

J——交流电梯；
Z——直流电梯；
Y——液压电梯。

4．额定速度代号

0.63,1,1.6,2.5(m/s)。

5．额定载重量

0.4/4,0.63/6.3,0.8/8,1/10(t/kN)等。

6．控制方式代号

SZ——手柄开关控制、自动门；
SS——手柄开关控制、手动门；
AZ——按钮控制、自动门；
AS——按钮控制、手动门；
XH——信号控制；
JX——集选控制；
BL——并联控制；
QK——梯群控制。

三、电梯施工(安装)过程

电梯安装通常分为大件安装法、组合段安装法和散装安装法。

（一）大件安装法

大件安装法是将零件、部件及组件预先在工厂或安装单位的施工配套基地组装成组合的形式，如轿箱、厅门及门架、传动装置等，并经过调整试运转，然后运到现场安装。

（二）组合段安装法

这种方法是以组合段进行安装。安装时，除电梯的机械部分外，还包括建筑结构。组合段是指一层楼高的中段、混凝土地坑、机房混凝土地板或装配良好的机房整体。显然，这种安装法要与结构施工同步配合进行。

（三）散装安装法

这是最常用的一种方法。此法是逐个地安装电梯零件及组件，分别在电梯井内、井坑、机房中直接安装所在位置的电梯部件和零件。

根据电梯安装过程及功能不同，可将电梯安装施工分为六项内容：

1．曳引装置组装施工(含驱动主机、对重(平衡重)、悬挂装置、随行电缆、补偿装置等)；
2．导轨组装施工；
3．轿厢、层门组装施工(含轿厢、门系统等)；
4．电气装置安装施工；
5．安全保护装置安装施工；
6．整机安装调试运行。

监理应在设备进场验收和土建交接检验合格的基础上，对上述施工内容，逐项进行监理,保证各施工环节均达到设计要求和施工验收规范的要求。

四、电梯安装工程质量监理工作流程见图 19-1。

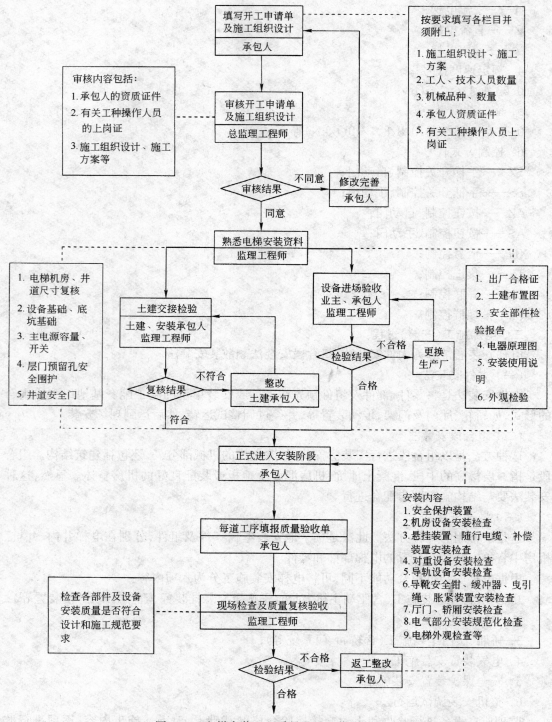

图 19-1 电梯安装工程质量监理工作流程(一)

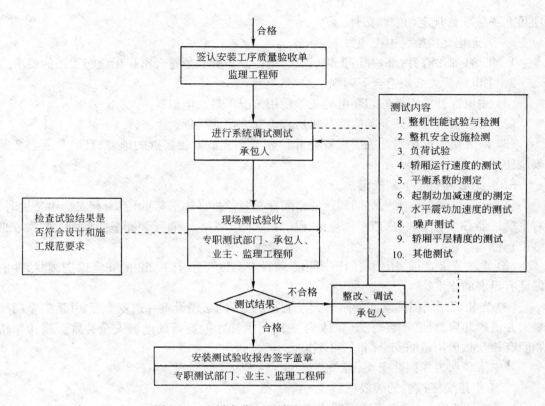

图 19-1　电梯安装工程质量监理工作流程(二)

五、设备进场验收

设备是电梯工程的重要物质基础。监理应尽可能参与电梯设备招投标工作和采购工作，协助业主根据设计文件和施工规范要求制定有关电梯工艺参数和技术要求。电梯设备进场后，监理应组织有监理、业主、设备供应商、安装承包商参加的设备验收。

（一）验收主控项目

电梯设备随机文件必须包括下列资料：

1．土建布置图；

2．产品出厂合格证；

3．门锁装置、限速器、安全钳及缓冲器的型式试验证书（复印件）。监理应在核对原件后保留复印件。

（二）验收一般项目

1．电梯设备随机文件还应包括下列资料：

（1）装箱单；

（2）安装、使用维护说明书；

（3）动力电路和安全电路的电器原理图。

2．设备零部件应与装箱单内容相符。

3．设备外观不应存在明显的损坏。

六、土建交接检验

为了保障电梯正常安装、运行，建筑物土建施工（机房、井道、电源等）必须符合下列主控项目和一般项目规定的安装条件。

（一）土建交接检验主控项目

1．机房(如果有)内部、井道土建(钢架)结构及布置必须符合电梯土建布置图的要求。

2．主电源开关必须符合下列规定：

（1）主电源开关应能够切断电梯正常使用情况下最大电流；

（2）对有机房电梯该开关应能从机房入口处方便地接近；

（3）对无机房电梯该开关应设置在井道外工作人员方便接近的地方,且应具有必要的安全防护。

3．井道必须符合下列规定：

（1）当底坑地面下有人员能到达的空间存在,且对重(或平衡重)上未有安全钳装置时,对重缓冲器必须能安装在(或平衡重运行区域的下边必须)一直延伸到坚固地面上的实心桩墩上；

（2）电梯安装之前,所用层门预留孔必须设有高度不小于1.2m的安全保护围封,并应保证有足够的强度；

（3）当相邻两层门地坎间的距离大于11m时,其间必须设置井道安全门,井道安全门严禁向井道内开启,且必须装有安全门处于关闭时电梯才能运行的电器安全装置。当相邻轿厢间有相互救援用轿厢安全门时,可不执行本款。

其中第3项为强制性条文,必须严格执行。

（二）土建交接检验的一般项目

1．机房(如果有)还应符合下列规定：

（1）机房内应设有固定的电器照明,地板表面上的照度不应小于200lx。机房内应设置一个或多个电源插座。在机房内靠近入口的适当高度处应设有一个开关或类似装置控制机房照明电源。

（2）机房内应通风,从建筑物其他部分抽出的陈腐空气,不得排入机房内。

（3）应根据产品供应商的要求,提供设备进场所需要的通道和搬运空间。

（4）电梯工作人员应能方便地进入机房或滑轮间,而不需要临时借助于其他辅助设施。

（5）机房应采用经久耐用且不易产生灰尘的材料建造,机房内的地板应采用防滑材料。

注：此项可在电梯安装后验收。

（6）在一个机房内,当有两个以上不同平面的工作平台,且相邻平台高度差大于0.5m时,应设置楼梯或台阶,并应设置高度不小于0.9m的安全防护栏杆。当机房地面有深度大于0.5m的凹坑或槽坑时,均应盖住。供人员活动空间和工作台面以上的净高度不应小于1.8m。

（7）供人员进出的检修活板门应有不小于0.8m×0.8m的净通道,开门到位后应能自行保持在开启位置。检修活板门关闭后应能支撑两个人的重量(每个人按在门的任意0.2m×0.2m面积上作用1000N的力计算),不得有永久性变形。

（8）门或检修活板门应装有带钥匙的锁,它应从机房内不用钥匙打开。只供运送器材的活板门,可只在机房内部锁住。

（9）电源零线和接地线应分开。机房内接地装置的接地电阻值不应大于4Ω。

（10）机房应有良好的防渗、防漏水保护。

2．井道还应符合下列规定：

（1）井道尺寸是指垂直于电梯设计运行方向的井道截面沿电梯设计运行方向投影所测定的井道最小净空尺寸，该尺寸应和土建布置图所要求的一致，允许偏差应符合下列规定：

1）当电梯行程高度小于等于 30m 时，为 0～+25mm；
2）当电梯行程高度大于 30m，且小于等于 60m 时，为 0～+35mm；
3）当电梯行程高度大于 60m，且小于等于 90m 时，为 0～+50mm；
4）当电梯行程高度大于 90m 时，允许偏差应符合土建布置图要求。

（2）全封闭或部分封闭的井道，井道的隔离保护、井道壁、底坑底面和顶板应具有安装电梯部件所需要的足够强度，应采用非燃烧材料建造，且应不易产生灰尘。

（3）当底坑深度大于 2.5m 且建筑物布置允许时，应设置一个符合安全门要求的底坑进口；当没有进入底坑的其他通道时，应设置一个从层门进入底坑的永久性装置，且此装置不得凸入电梯运行空间。

（4）井道应为电梯专用，井道内不得装设与电梯无关的设备、电缆等。井道可装设采暖设备，但不得采用蒸汽和水作为热源，且采暖设备的控制与调节装置应装在井道外面。

（5）井道内应设置永久性电气照明，井道内照度应不得小于 50lx，井道最高点和最低点 0.5m 以内应各装一盏灯，再设中间灯，并分别在机房和底坑设置一控制开关。

（6）装有多台电梯的井道内各电梯的底坑之间应设置最低点离底坑地面不大于 0.3m，且至少延伸到最低层站楼面以上 2.5m 高度的隔障，在隔障宽度方向上隔障与井道壁之间的间隙不应大于 150mm。

当轿顶边缘和相邻电梯运动部件（轿厢、对重或平衡重）之间的水平距离小于 0.5m 时，隔障应延长贯穿整个井道的高度。隔障的宽度不得小于被保护的运动部件（或其部分）的宽度，每边再各加 0.1m。

（7）底坑内应有良好的防渗、防漏水保护，底坑内不得有积水。
（8）每层楼面应有水平面基准标识。

第二节 曳引装置组装施工质量监理

一、材料、设备要求

（一）钢丝绳

电梯所用钢丝绳的规格、型号应符合设备设计图纸的要求。

曳引用钢丝绳应符合（GB 1102—74）中的规定。标准推荐电梯曳引采用 6×（19）、SW(19)、8T(25)、6W(19)、6T(25)线接触钢丝绳及 6×19 钢丝绳。8W(19)、6×(19)钢丝绳规格性能见表 19-2 和表 19-3。

8W(19)线接触钢丝绳 表 19-2

直径				钢丝断面积总和	参考总量	钢丝绳公称抗拉强度（MPa）				
钢丝绳	钢丝					1400	1550	1700	1850	2000
	中心	第一层	第二层			钢丝破断拉力总和				
mm				mm²	N/100m	N（不小于）				
10.5	0.8	0.4	0.7	40.76	399.4	57000	63100	69200	75400	
13.0	1.0	0.5	0.85	61.25	600.3	85700	94900	104000	113000	81500

续表

钢丝绳	直径			钢丝断面积总和	参考总量	钢丝绳公称抗拉强度(MPa)				
	钢丝					1400	1550	1700	1850	2000
	中心	第一层	第二层			钢丝破断拉力总和				
mm				mm²	N/100m	N(不小于)				
16.0	1.2	0.6	1.05	91.70	898.7	128000	142000	155500	169500	128500
18.0	1.4	0.7	1.2	121.39	1190	169500	188000	206000	224500	183000
21.0	1.6	0.8	1.4	163.03	1598	228000	252500	277000	301500	242500
24.0	1.8	0.9	1.6	210.82	2066	295000	326500	358000	390000	
26.0	2.0	1.0	1.75	254.73	2496	356500	394500	433000	471000	
29.0	2.2	1.1	1.9	302.82	2968	423500	469000	514500	560000	
31.5	2.4	1.2	2.1	366.81	3595	513500	568500	623500		
34.5	2.6	1.3	2.3	436.96	4282	611500	677000	742500		

6×(19)纤维芯线接钢丝绳　　　　　　　　　　表19-3

钢丝绳	直径			钢丝断面积总和	参考总量	钢丝绳公称抗拉强度(MPa)				
	钢丝					1400	1550	1700	1850	2000
	中心	第一层	第二层			钢丝破断拉力总和				
mm				mm²	N/100m	N(不小于)				
8.8	0.8	0.4	0.7	30.57	284.3	42700	47300	51900	56500	
11.0	1.0	0.5	0.85	45.93	427.1	64300	71100	78000	84900	61100
13.0	1.2	0.6	1.05	68.78	639.7	96200	106500	116500	127000	91800
15.0	1.4	0.7	1.2	91.04	846.7	127000	141000	154500	168000	137500
17.5	1.6	0.8	1.4	122.27	113.7	171000	189500	207500	226000	182000
19.5	1.8	0.9	1.6	158.11	1470	221000	245000	268500	292500	
21.5	2.0	1.0	1.75	191.05	1777	267000	296000	324500	353000	
23.5	2.2	1.1	1.9	227.12	2112	317500	352000	386000	420000	
26.0	2.4	1.2	2.1	275.11	2559	385000	426000	467500		
28.5	2.6	1.3	2.3	327.72	3048	458500	507500	557000		

钢丝绳破断拉力:钢丝破断拉力总和×0.85。

电梯曳引用的钢丝绳必须采用交互捻搅钢丝绳。

电梯曳引用钢丝绳在工作中承受动荷载和静荷载变化,并绕着曳引轮、导向轮等反复弯曲,因而要求具有很高的强度。为使计算简化,通常根据静载荷进行实用计算。

静载安全系数公式为:

$$K_{静} = \frac{Pn}{T}$$

式中　$K_{静}$——钢丝绳静态安全系数;
　　　P——钢丝绳破断拉力(N);
　　　n——钢丝绳根数;

T——钢丝绳最大允许的拉力(N)。

我国规定的电梯用钢丝绳安全系数见表 19-4。

电梯用钢丝绳安全系数　　　　　　　　表 19-4

钢丝绳用于	安 全 系 数	应用钢丝绳根数
客梯、货梯、医院梯、杂物梯	>12	不少于 4 根
	>10	不少于 2 根

对运输到施工现场的钢丝绳应作检查,不允许有锈蚀及外观损伤现象发生,产品除有出厂合格证外,还应测量其外径以核对规格是否符合设计要求。

(二) 曳引机

曳引机在制造厂作过空载和额定载荷试验、动作速度试验,应有产品合格证。在施工现场主要检查曳引机、限速器等设备上的铭牌是否与所选用的电梯型号规格相符,运输中是否有碰撞现象发生,设备到货的完整程度和包装情况。例如曳引机盘车的手轮处应有轿厢升降的方向指示。限速器的绳轮外沿,应有用油漆标明的电梯下降时的转动方向。

不允许随意代用和自制,对无铭牌或有铭牌而标志不清及未经出厂铅封的限速器更是不得安装使用。

开箱后的设备应及时吊运到机房内存放,存放钢丝绳的环境要清洁,以防止腐蚀的现象发生。

二、施工工艺要求

曳引机安装技术要点及工艺要求。

1. 承重钢梁。曳引机一般都设在井道顶部的机房中。此时,电梯运动部分的全部重量均悬挂在曳引轮上。因此在曳引轮安装位置处,必须架设承重钢梁。

每部电梯的曳引机都要用三根钢梁架设。钢梁的位置有的架在机房的楼板上(地板上),有的埋设在楼板中或悬吊在楼板下,详见示意图(图 19-2)。

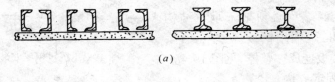

(a)

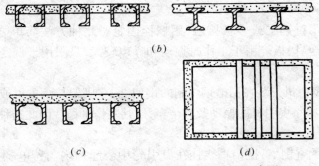

(b)

(c)　　(d)

图 19-2　钢梁架设在机房楼板的位置示意图
(a)钢梁在楼板上;(b)钢梁在楼板中;(c)钢梁在楼板下;
(d)钢梁在井道墙壁上

(1) 电梯井顶高度应符合图纸要求,图纸无要求时执行表 19-5 所列规定。

电梯顶层高度 表 19-5

电梯运行速度(m/s)	0.5~1	1.5	1.75~2	2.5	3
顶层高 (m)	4.8	5	5.3	5.7	6

(2) 当对重将缓冲器完全压缩时,轿厢上方的空程严禁小于 h(m)

$$h = 0.6 + 0.035 v^2 \quad (\text{m})$$

式中 h——空程最小高度(m);

v——电梯额定速度(m/s)。

小型杂物电梯的轿厢和对重的空程严禁小于 0.3m。

(3) 承重钢梁必须放在梯井的承重结构上,例如圈梁和承重墙上,不允许放在无梁楼板上或不承重的井壁上。

(4) 承重钢梁两端埋入墙内时,其埋入深度应超过墙厚中心 20mm,且不应小于 75mm。对砖墙、梁下应承垫能承受其重量的钢筋混凝土过梁或金属过梁。

(5) 承重钢梁本身水平误差不应大于 1.5/1000,两根相邻高度误差不大于 2mm,总平行度以轿厢和对重中心联结线为准,误差不大于 6mm,见图 19-3。

2. 承重钢梁安装

承重梁无论采用在楼板下、楼板中、楼板上安装方法,钢梁两端均必须架于承重结构上。沿地坪安装时,两端用钢板焊成一整体,并浇混凝土台与楼板连成一整体,见图 19-4。

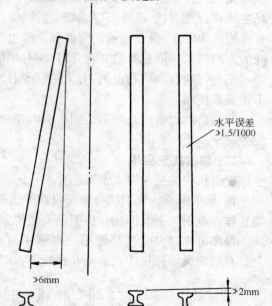

图 19-3 沉重钢梁安装平行度误差

3. 曳引机的固定方法

(1) 刚性固定

曳引机直接与承重钢梁或楼板接触,用螺栓固定。此种方法简单方便,但曳引机工作时,其振动值直接传给楼板。由于工作时振动和噪声较大,只限用于低速电梯。

(2) 弹性固定

常见的形式是曳引机先装在用槽钢焊制的钢架上,在机架与承重梁或楼板之间加有减振的橡胶垫,能有效地减小曳引机的振动及其传布,使其工作平稳。因此这种方法应用广泛。

4. 曳引机安装。

将曳引机吊到承重钢梁,把铅垂线挂在曳引轮中心绳槽内。若电梯为单绕式有导向轮时,调整机座,使导向轮的一侧对准轿厢中线,另一侧对准轿厢与对重的中心联线。再用钢尺测量,使之在前后(向着对重)方向上偏差不超过 ±2mm;左右偏差不超过 ±1mm。校正

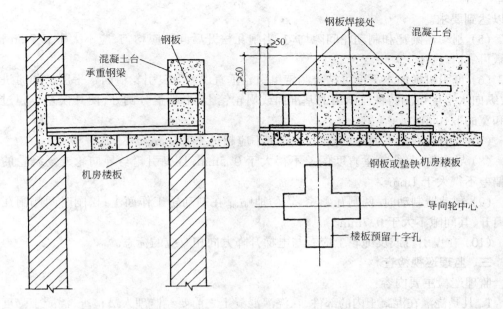

图 19-4 钢梁沿地面安装方法示意图

完后,在承重钢梁上画出机座固定螺栓孔的位置。开螺孔的误差不大于 1mm。也不得损坏承重钢梁的主筋。

安装导向轮时,其端面平行度误差不得超过 ±1mm。根据铅垂线调整导向轮,使其垂直度误差不超过 0.5mm。前后方向(向着对重)不应超过 ±3mm,左右方向不应超过 1mm。

当曳引机承重钢梁在机房楼板中或楼板下方时,可在机房楼板钢梁的位置上方按曳引机的外轮廓做一个高 250~300mm 的混凝土台座;台座上按曳引机底盘上的固定螺栓孔预留好地脚螺栓(也有的是现浇地脚螺栓)孔。台座下面按图纸上分布点垫好橡皮砖,找好平正。在机房顶板吊钩上挂好吊具(倒链等),将曳引机吊起就位,稳装在混凝土台座上。经校正,上好地脚螺栓,使台座和曳引机连成一体,最后再用栽好地脚螺栓的挡板、压板,垫以橡皮砖将台座整体固定。

曳引机安装应符合下列要求:

(1) 曳引轮的位置偏差,在前、后(向着对重)方向不应超过 ±2mm,在左、右方向不应超过 ±1mm。

(2) 曳引轮位置与轿厢中心,及轿厢中心线左、右、前、后误差应符合表 19-6 的要求。

曳引轮位置偏差(mm)　　　　表 19-6

轿厢运行速度范围	2m/s 以上	1~1.75m/s	1m/s 以下
前后方向误差	±2	±3	±4
左右方向误差	±1	±2	±2

(3) 曳引轮垂直方向偏摆度最大偏差应不大于 0.5mm。

(4) 在曳引轮轴方向和蜗杆方向的不水平度均不应超过 1/1000。

蜗杆与电动机联结后的不同心度,刚性联结为 0.02mm,弹性联结为 0.1mm,径向跳动不超过制动轮直径的 1/3000。如发现不符合本要求,必须严格检查测试,并调整电动机垫片以达到要求。

(5) 制动器闸瓦和制动轮间隙均匀，当闸瓦松开后间隙应均匀，应不大于 0.7mm，动作灵敏可靠。

(6) 曳引机横向水平度可结合测定曳引轮垂直误差及曳引轮横向水平度的同时进行找平，纵向水平度可测铸铁座露出的基准面或蜗轮箱上、下端盖分割处，使其误差不超过底座长和宽的 1/1000。

(7) 曳引轮在水平面内的扭转（偏摆）不应超过 ±0.5mm。

(8) 导向轮、复绕轮垂直度偏差不得大于 0.5mm，且曳引轮与导向轮或复绕轮的平行度偏差不得大于 1mm。

(9) 制动器制动时，两闸瓦紧密、均匀地贴靠在制动轮工作面上；松闸时两侧闸瓦应同时离开，其间隙不大于 0.7mm。

(10) 在曳引机或反绳轮上应有与电梯升降方向相对应的标志。

三、监理巡视检查

监理巡检主要内容：

1. 凡是浇灌在混凝土内的部件，在浇灌混凝土之前要经监理人员检查，混凝土强度及几何尺寸应符合设计要求。当驱动主机承重梁需埋入承重墙时，承重梁的埋入端长度应超过墙厚中心至少 20mm，且埋入端长度不应小于 75mm。经检验合格后，才能进行下一道工序。

2. 限速器安全钳等部件的整定值已由厂家调整好，施工现场不能随意调整，若机体有损坏或运行不正常，应送到厂家调整，或者更换。

3. 驱动主机与驱动主机的底座，和承重梁的安装应符合产品设计要求。在安装过程中，应始终使承重钢梁上下翼缘和腹板同时受垂直方向的弯曲载荷，而不允许其侧向受水平方向的弯曲载荷，以免产生变形。

4. 曳引轮、飞轮（惯性轮）、限速器轮外侧面应漆成黄色，制动器手动松闸扳手应漆成红色，并挂在易接近的墙上。

5. 限速器断绳开关、钢带张紧装置的断带开关、补偿绳轮的限位开关的动作准确、可靠；限速器绳要无断丝、锈蚀、油污或死弯现象，限速器绳径要与夹绳制动块间距相对应。钢带不能有折迹和锈蚀现象。

6. 补偿链环不能有开焊现象，补偿绳不能有断丝、锈蚀等现象。

7. 油压缓冲器在使用前一定要按要求加油，油路应畅通，并检查有无渗油情况及油号是否符合产品要求。

8. 断绳时不可使用电气焊，以免破坏钢丝绳强度，在作绳头需去掉麻芯时，应用锯条锯断或用刀割断，不得用火烧断。

9. 安装悬挂钢丝绳前一定要使钢丝绳自然悬垂于井道，消除其内应力。悬挂装置钢丝绳的绳头组合必须安全可靠，且每个绳头组合必须安装防螺母松动和脱落的装置。牵引钢丝绳、对重钢丝绳严禁有死弯。随行电缆严禁有打结和波浪扭曲等现象。

10. 曳引钢绳应在曳引机座上平面处用黄漆在钢绳四周作出平层标记，用编码法准确地表示出轿厢在各层的平层位置。曳引钢绳严禁涂润滑油。

四、安装质量监理验收

（一）主控项目验收

1．驱动主机紧急操作装置动作必须正常。可拆卸的装置必须置于驱动主机附近易接近处,紧急救援操作说明必须贴于紧急操作时易见处。

监理检验方法:按紧急救援操作说明要求实施紧急操作不少于3次,动作正常。承包人应自检合格后报监理工程师复验。

2．悬挂装置、随行电缆、补偿装置应符合以下各条:

(1) 绳头组合必须安全可靠,且每个绳头组合必须安装防螺母松动和脱落的装置。监理方法:现场观察检查。

(2) 钢丝绳严禁有死弯。监理方法:现场观察检查。

(3) 当轿厢悬挂在两根钢丝绳或链条上,且其中一根钢丝绳或链条发生异常相对伸长时,为此装设的电器安全开关应动作可靠。

监理方法:试验检查。当承包人自检合格后报监理工程师复验。

(4) 随行电缆严禁有打结和波浪扭曲现象。

监理方法:现场观察检查。

第2.(1)项为强制性条文,必须严格执行。

(二) 一般项目验收

1．当驱动主机承重梁需埋入承重墙时,埋入端长度应超过墙厚中心至少20mm,且支撑长度不应小于75mm。见图19-5。

监理方法:现场观察和用尺量检查。

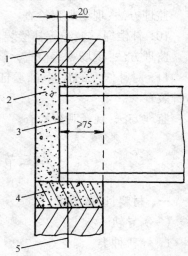

图19-5 承重钢梁的埋设深度
1—砖墙;2—混凝土;3—承重梁;4—钢筋混凝土过梁或多属过梁;5—墙中心线

2．制动器动作应灵活,制动间隙调整应符合产品设计要求。

监理方法:现场观察和用塞尺检查。

3．驱动主机、驱动主机底座与承重梁的安装应符合产品设计要求。

监理方法:现场观察检查。

4．驱动主动减速箱(如果有)内油量应在油标所限定的范围内。

监理方法:现场观察检查。

5．机房内钢丝绳与楼板孔洞边间隙应为20～40mm,通向井道的孔洞四周应设置高度不小于50mm的台缘。

监理方法:现场观察和用尺量检查。

6．当对重(平衡重)架有反绳轮,反绳轮应设置防护装置和挡绳装置。

监理方法:现场观察检查。

7．对重(平衡重)块应可靠固定。

监理方法:现场观察检查。

8．每根钢丝绳张力与平均值偏差不应大于5%。

监理方法:轿厢在井道的2/3高度处,用50～100N的弹簧秤在轿厢上以同等拉开距离测拉对重侧各曳引绳张力,取其平均值再将各绳张力的相互差值与该平均值进行比较。

注:各绳张力相互差值的计算方法:

(以四根为例)测得各绳张力分别为 $F_\text{平} = \dfrac{(F_1 + F_2 + F_3 + F_4)}{4}$

相互差值：$F_{12} = |F_1 - F_2|$；$F_{13} = |F_1 - F_3|$；$F_{14} = |F_1 - F_4|$；$F_{23} = |F_2 - F_3|$；

$F_{24} = |F_2 - F_4|$；$F_{34} = |F_3 - F_4|$。即：$\dfrac{F_{12}}{F_\text{平}}, \cdots, \dfrac{F_{34}}{F} \leqslant 5\%$

9. 随行电缆的安装应符合下列规定：

(1) 随行电缆端部应固定可靠。

(2) 随行电缆在运行中应避免与井道内其他部件干涉。当轿厢完全压在缓冲器上时，随行电缆不得与底坑地面接触。

监理方法：现场观察检查。

10. 补偿绳、链、缆等补偿装置的端部应可靠固定。

监理方法：现场观察检查。

11. 对补偿绳的张紧轮，验证补偿绳张紧的电气安全开关应动作可靠。张紧轮应安装防护装置。

监理方法：现场观察检查。

第三节 导轨组装施工质量监理

一、材料、设备要求

(一) 导轨

1. 导轨种类

根据导轨的截面形状，电梯导轨可分为四种，见图19-6。电梯中大量使用的T形导轨，用普通碳素钢Q235F钢轧制。它具有良好的抗弯性能及良好的加工性能。图19-6中的(b)、(c)、(d)三种，工作表面一般不加工(用型材的轧制面)，通常用于速度低、对运行平稳

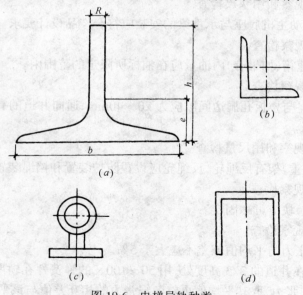

图 19-6 电梯导轨种类
(a) T形；(b) 角形；(c) 管形；(d) 槽形

性要求不高的一类电梯,如杂物电梯、建筑施工外用电梯等。

2. 导轨与连接板的外形尺寸

导轨与连接板的外形尺寸见图19-7。

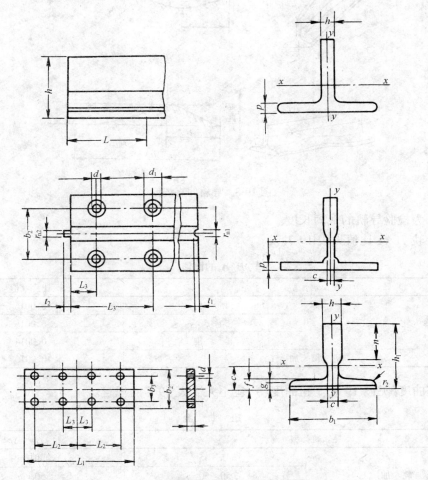

图 19-7 导轨与连接板外形尺寸图

3. 电梯导轨技术条件

(1) 导轨表面粗糙度

1) 导向面。导向面及顶面:$3.2\mu m \leqslant R_a \leqslant 6.3\mu m$。

2) 横端面。机械加工导轨和冷轧加工导轨均为:$3.2\mu m \leqslant R_a \leqslant 6.3\mu m$。

3) 榫和榫槽=侧面及顶(底)面:$R_a = 12.5\mu m$。

4) 导轨底部加工面:$R_a = 6.3\mu m$。

(2) 导轨的形位公差

1) 直线度（见图 19-8）

2) 图例与符号:

a. A 为基准点和测量点之间的最短距离;

b. B 为基准点与基础面之间的最大距离;

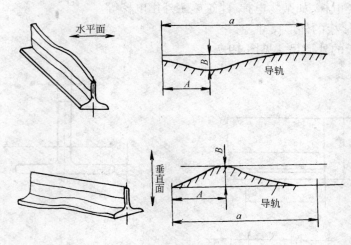

图 19-8 导轨的直线度

c. a 为检验导轨的最短长度。

3) 导轨 B/A 比值见表 19-7。

导轨 B/A 的比值(mm)　　　　　表 19-7

导轨型号		比　值
冷 轧 加 工	45×45	0.0016
	50×50	0.0016
	其　他	0.0014
机 械 加 工		0.0010

4) 扭曲度(见图 19-9)。扭曲度(γ)应不大于表 19-8 的规定。

扭 曲 度　　　　　表 19-8

导轨型号		γ
冷 轧 加 工	45×45	50′/m
	50×50	50′/m
	其　他	40′/m
机 械 加 工		30′/m

5) 平面度(见图 19-10)。导轨导向=侧面的平面度应小于或等于 0.5mm。

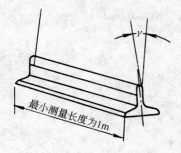

图 19-9 导轨扭曲度

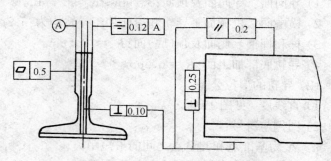

图 19-10 导轨的各部分形位公差

6) 垂直度(见图 19-10)。

① 导轨端面对底部连接板安置面的垂直度应小于或等于 0.25mm;

② 导轨中心线对底部连接板安置面的垂直度应小于或等于 0.10mm。

7) 平行度(见图 19-10)。导轨顶面对底部连接板安置面的平行度应小于或等于 0.2mm。

8) 对称度(见图 19-10)。榫和榫槽中心线对导轨中心线的对称度应小于或等于 0.12mm。

(3) 连接板的表面粗糙度和形位公差

1) 表面粗糙度。

连接板加工面:$R_a = 12.5\mu m$。

2) 平面度(见图 19-11)。连接板与导轨连接平面的平面度应小于或等于 0.2mm。

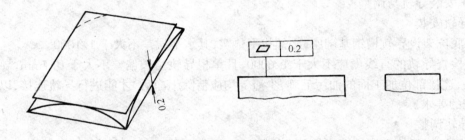

图 19-11　导轨的平面度

(二) 导轨支架

导轨支架用型钢制作,根据不同的安装方式制作相应的支架形式。支架焊接通常采用手工电弧焊,要求见表 19-9。

手工电弧焊焊缝加强面高度和宽度　　　　表 19-9

	厚　度(mm)	2~3	4~6
无坡口	焊缝加强面高度 h(mm)	1~1.5	1.5~2
	焊缝宽度 b(mm)	5~6	7~9
	厚　度(mm)	4~6	7~9
有坡口	焊缝加强面高度 h(mm)	1.5~2	2
	焊缝宽度 b(mm)	盖过每边坡口约 2mm	

二、施工工艺要求

(一) 安装导轨架应符合下列要求:

1. 导轨架不水平度 a(见图 19-12)不应超过 5mm;

2. 导轨架的埋入深度不应小于 120mm;

3. 地脚螺栓埋入深度不应小于 120mm;

4. 导轨架与墙面间允许加垫等于导轨架宽度的方形金属板调整高度,垫板厚度超过 10mm 时,应与导轨架焊接;

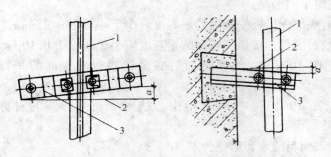

图 19-12　导轨架的不水平度
1—导轨；2—水平线；3—导轨架

5．焊接导轨架时，应双面焊牢。

（二）安装导轨与调整

1．导轨安装

（1）底坑架设导轨槽钢基础座，必须找平垫实，其水平误差不大于 1/1000。

（2）检查导轨的直线度应不大于 1/6000，且单根导轨全长偏差不大于 0.7mm，导轨端部的榫头，连接部位加工面的油污毛刺，尘渣等均应清除干净后，才能进行导轨连接，以保证安装精度的要求。

2．导轨调整

（1）用钢板尺检查导轨端面与基准线的间距和中心距离，如不符合要求，应调整导轨前后距离和中心距离，然后再用找道尺进行仔细找正。

（2）用找道尺检查：

1）扭曲调整：将找道尺端平，并使两指针尾部侧面和导轨侧工作面贴平、贴严，两端指针尖端指在同一水平线上，说明无扭曲现象。如贴不严或指针偏离相对水平线，说明有扭曲现象，则用专用垫片调整导轨支架与导轨之间的间隙（垫片不允许超过三片），使之符合要求。为了保证测量精度，用上述方法调整以后，将找道尺反向 180°，用同一方法再进行测量调整，直至符合要求。见图 19-13。

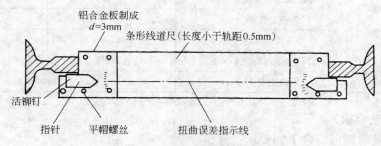

图 19-13　扭曲调整用找道尺

2）调整导轨垂直度和中心位置：调整导轨位置，使其端面中心与基准线相对，并保持规定间隙。

（3）轨距及两根导轨的平行度检查：两根导轨全部校直好后，自下而上或者自上而下，采用图 19-14 所示的检查工具进行检查。T形导轨的两导轨内表面距离 L（图 19-14）的偏

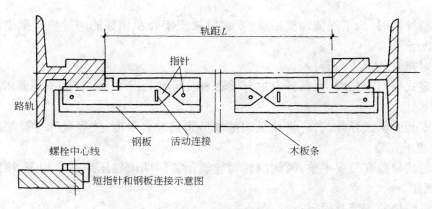

图 19-14　导轨测距卡板

差在整个高度上均应符合表 19-10 的规定。

两道轨距离偏差　　　　　　　　　　表 19-10

导轨用途	轿厢导轨	对重导轨
偏差不超过(mm)	+2 0	+3 0

三、监理巡视检查

（一）导轨安装巡查内容

1．每根导轨至少应有两个支架，其间距不大于 2.5m；导轨支架水平度偏差不大于 5mm；导轨支架或地脚螺栓的埋入深度不应小于 120mm。如采用焊接支架，其焊缝应是连续的，并应双面焊牢。

2．每根导轨侧工作面对安装基准线的偏差，每 5m 不应超过 0.7mm，相互偏差在整个高度上不应超过 1mm。

3．导轨接头处允许台阶（a）不大于 0.05mm；如超过 0.05mm 则应修平。其导轨接头处的修光长度（b）为 250～300mm，修平、修光采用手砂轮或油石磨。

4．导轨工作面接头处不应有连续缝隙，且局部缝隙不大于 0.5mm。

5．导轨应用压板固定在导轨支架上，不应采用焊接或螺栓连接。支架要除锈、涂漆、切口平整。严禁在支架上割洞，支架尺寸要符合施工图要求。焊缝外观质量应使焊波均匀，明显的焊渣和飞溅物应清除干净。

6．两根轿厢导轨接头不应在同一水平面上，并且两根轿厢导轨下端距底坑地平面应有 60～80mm 悬空。

7．轿厢两列导轨顶面间的距离偏差应为 0～+2mm；对重导轨两列导轨面间的距离偏差应为 0～+3mm。

8．导轨支架在井道壁上的安装应牢固可靠。导轨支架的数量与预埋件的设置应符合土建布置图要求。锚栓（如膨胀螺栓）应固定在井道壁的混凝土构件上，其连接强度与承受振动的能力应满足电梯产品设计要求。必要时其连接强度与承受振动能力可用拔出试验进行检验。

9．调整导轨时，为了保证调整精度，要在导轨支架处及相邻的两导轨支架中间的导轨处设置测量点。

（二）对重安装巡查内容

1．固定式导靴安装时，要保证内衬与导轨端面间隙上、下一致，若达不到要求要用垫片进行调整。

2．在安装弹簧式导靴前，应将导靴调整螺母紧到最大限度，使导靴和导靴架之间没有间隙，这样便于安装。

3．滚轮式导靴安装要平整，两侧滚轮对导轨压紧后两滚轮压缩量应相等，压缩尺寸应按制造厂规定。

4．对重砣块的安装及固定：

(1) 装入相应数量的对重砣块。对重砣块数量应根据下式求出：

$$装入的对重块数 = \frac{(轿厢自重 + 额定荷重) \times 0.5 - 对重架重}{每个砣块的重量}$$

(2) 按厂家设计要求装上对重砣块防振装置。

（三）轿厢安装巡查内容

1．安装立柱时应注意是否垂直，达不到要求时，要在上、下梁和立柱间加垫片。

2．轿厢底盘调整水平后，轿厢底盘与底盘座之间，底盘座与下梁之间的各连接处都要接触严密，若有缝隙要用垫片垫实，不可使斜拉杆过分受力。

3．斜拉杆一定要上双螺母拧紧，轿厢各连接螺栓必须紧固、垫圈齐全。

4．吊轿厢用的吊索钢丝绳与钢丝绳轧头的规格必须互相匹配。

四、监理验收

（一）主控项目验收

导轨安装位置必须符合土建布置图要求。

监理方法：现场观察检查。

（二）一般项目验收

1．两列导轨顶面间的距离偏差应为：轿厢导轨 $0 \sim +3$mm。

监理方法：在两列导轨内表面，用导轨检验尺、塞尺检查。

2．导轨支架在井道壁上的安装应固定可靠。预埋件应符合土建布置图要求。锚栓(如膨胀螺栓等)固定应在井道壁的混凝土构件上使用，其连接强度与承受振动的能力应满足电梯产品设计要求，混凝土构件的压缩强度应符合土建布置图要求。

监理方法：检查井道混凝土构件混凝土试块检验报告；现场观察检查预埋件和锚栓的埋置位置和连接强度情况，必要时进行现场锚栓抗拔强度试验确定连接强度。

3．每列导轨工作面(包括侧面与顶面)与安装基准线每 5m 的偏差均不应大于下列数值：

轿厢导轨和设有安全钳的对重(平衡重)导轨为 0.6mm；不设安全钳的对重(平衡重)导轨为 1.0mm。

监理方法：现场观察检查和用吊线、塞尺检查。

4．轿厢导轨和设有安全钳的对重(平衡重)导轨工作面接头处不应有连续缝隙，导轨接头处台阶不应大于 0.05mm。如超过应修平,修平长度应大于 150mm。

监理方法:现场观察检查和用钢板尺、塞尺检查。

5. 不设安全钳的对重(平衡重)导轨接头处缝隙不应大于 1.0mm,导轨工作面接头处台阶不应大于 0.15mm。

监理方法:现场观察检查和用钢板尺、塞尺检查。

第四节 轿厢、层门组装施工及质量监理

一、材料(设备)要求

(一) 轿厢组件

轿厢组件均应按装箱单完好地装入箱内。设备开箱时应仔细地根据装箱单,进行设备到货的数量和型号、规格的验收。

轿厢、轿厢门等可见部分的油漆应涂得均匀、细致、光亮、平整,不应有漏涂、错涂等缺陷。指示信号应明亮,标志要清晰,对可见部件表面装饰层须平整、光洁、色泽协调、美观,不得有划痕、凹穴等伤痕出现。薄膜保护层应完好,产品标牌应设置在轿厢内明显位置。标牌上应标明:产品名称、型号、主要性能、数据、厂名、商标、质量等级标志、制造日期。

施工前还应根据设计图纸、产品说明书检查轿厢立柱、横梁、轿面壁板等的几何尺寸和变形情况,检查自动开门机等运动机构是否灵活、完好。

1. 轿厢结构。

轿厢由轿厢架、轿底、轿顶、围扇(轿壁)和轿厢门组成,见图 19-15 所示。

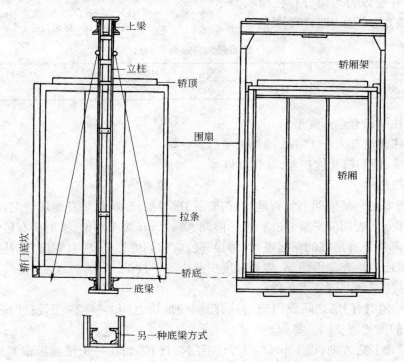

图 19-15 电梯轿厢和轿厢架

轿厢架由底梁、上梁和立柱几部分组成。底梁、上梁多采用槽钢制成。立柱多采用角钢制成,是承重、提升轿厢的主要结构。

自动门的开关由开关门电机驱动。为了使开关门平稳,行程均匀、灵活,一般多采用小功率的直流电机(100～120W)。并按开门方式(中分开门或旁侧开门)配备一套开关门机构。开关门电机以三角皮带带动开关门机构,构成二级变速传动;两扇门中间设安全触板,门扇上设开门刀,如图19-16所示。

2. 轿厢技术要求。

(1) 轿厢内部净高度至少为2m。

(2) 轿厢有效面积应符合表19-11的规定。

对于中间载重量,可用线性插入法求其相应的面积。

(3) 轿厢门、轿厢壁、轿厢顶和轿厢底应具有同样的机械强度,即当施加一个300N的力,从轿厢内向外垂直作用于轿壁的任何位置,并使该力均匀分布在面积为5cm²的圆形或方形截面上时,轿厢壁能够:

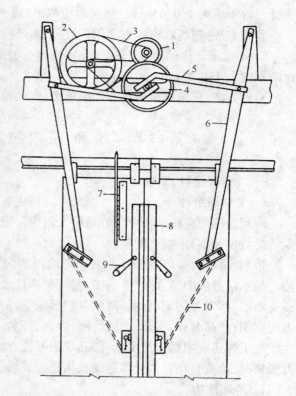

图19-16 开关门机构及安全触板
1—开关门电机;2—二级传动轮;3—三角皮带;4—驱动轮;5—杆;6—开门杠杆;7—开门刀;8—安全触板;9—触板活动轴;10—触板拉链

轿厢最大有效面积　　　　　　　　　　　表 19-11

额定载重量(kg)	400	630	800	1000	1250	1600
轿厢最大有效面积(m²)	1.17	1.66	2.00	2.40	2.90	3.56

1) 承受住而没有永久变形;

2) 承受住而没有大于15mm的弹性变形。

3) 试验后,轿厢门功能正常,动作良好。

(二) 层门组件

按施工图纸与产品说明书检查地坎、门套、门扇等的尺寸、数量及变形情况。轿门、层门等乘客可见部分的表面应平整、光洁、色泽协调、美观。其涂漆部位,漆层要有足够的附着力和弹性;粘接部位要有足够的粘接强度;铆接部位应牢固可靠,不应有划痕、修补痕等明显可见缺陷。门扇还应检查变形情况,如有轻度扭曲应给予校正。

层门组件应符合下列技术条件

1. 层门关闭时,门扇之间或门扇与柱、门楣或地坎之间的缝隙应不超过6mm,如有凹进部分,缝隙的测量应从凹底算起。

在水平滑动开启方向,以150N的人力(不用工具)施加在一个使缝隙最易增大的作用点上,其缝隙可以超过6mm,但不得超过30mm。

2. 为了避免运行中发生剪切的危险,自动滑动门外表面不应有超过 3mm 的凹进或凸出部分,其边缘应予倒角。

3. 层门与门锁的机械强度:当门在锁住位置时,用 300N 的力垂直作用在层门的任何面上,并使该力均匀分布在 $5cm^2$ 的面积上时,层门应满足下列要求:

(1) 无永久变形;

(2) 弹性变形不大于 15mm;

(3) 试验后,功能正常,动作良好。

(三) 导靴

导靴有滚轮导靴、弹性滑动导靴和刚性导靴三种。

1. 弹性滑动导靴

弹性滑动导靴的构造如图 19-17(a),这种导靴多用于速度在 1.75m/s 以下的电梯。

2. 刚性滑动导靴

刚性滑动导靴构造简单,其本体是铸铁制成,经刨削加工成光滑接触面,如图 19-17(b)所示。在其接触面上涂敷黄干油以增加导靴间的润滑能力。刚性滑动导靴用于低速和层数较少的杂物梯和对重架上。

3. 滚轮导靴

为了减少导靴与导轨之间的摩擦阻力,节省动能,可以使用滚轮导靴。这种导靴广泛应用在高速电梯上(2m/s 以上)。滚轮导靴的构造如图 19-18 所示。

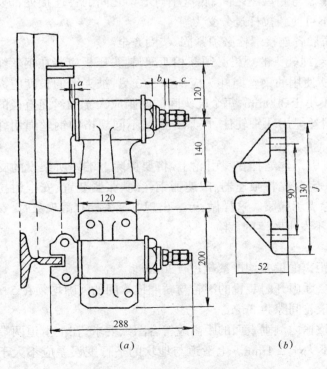

图 19-17 电梯滑动导靴
(a)弹性滑动导靴;(b)刚性滑动导靴

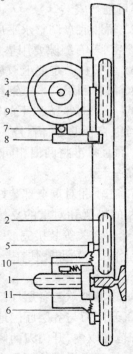

图 19-18 电梯的滚轮导靴
1、2—端轮及侧轮;3—滚动轴承;
4—滚轮轴;5—螺母;6—弹簧;7—
活动臂转轴;8—底板;9—活动臂;
10—调节螺丝;11—螺柱

（四）平层器。平层器是专管轿厢在各层停站时，与厅门（层门）地坎找平的装置。这种装置由装在轿厢上的干簧管感应器和装在井道每层导轨支架上的感应桥（感应铁板）组成，见图 19-19。

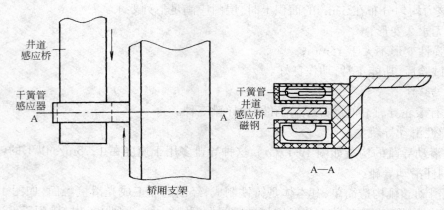

图 19-19　平层器（干簧管式）

二、施工工艺要求

（一）轿厢安装

1．安装立柱时应使其自然垂直，达不到要求时，要在上、下梁和立柱间加垫片。进行调整，不可强行安装。

2．轿厢底盘调整水平后，轿厢底盘与底盘座之间，底盘座与下梁之间的各连接处都要接触严密，若有缝隙要用垫片垫实，不可使斜拉杆过分受力。

3．斜拉杆一定要上双母拧紧，轿厢各连接螺栓必须紧固、垫圈齐全。

4．吊轿厢用的吊索钢丝绳与钢丝绳轧头的规格必须互相匹配，轧头压板应装在钢丝绳受力的一边，对 $\phi16$ 以下的钢丝绳，所使用的钢丝绳轧头应不少于 3 只，被夹绳的长度应大于钢丝绳直径的 15 倍，且最短长度不小于 300mm，每个轧头间的间距应大于钢丝绳直径的 6 倍。而且只准将两根相同规格的钢丝绳用轧头轧住，严禁 3 根或不同规格的钢丝绳用轧头轧在一起。

5．在轿厢对重全部装好，并用曳引钢丝绳挂在曳引轮上，将要拆除上端站所架设的支承轿厢的横梁和对重的支撑之前，一定要先将限速器、限速器钢丝绳、张紧装置、安全钳拉杆，安全钳开关等装接完成，才能拆除支承横梁。这样做，万一出现电梯失控打滑现象时，安全钳起作用将轿厢轧住在导轨上，而不发生坠落的危险。

（二）厅门安装

1．轿厢地坎与各层厅门地坎间距离的偏差均严禁超过 $\pm 30mm$。

2．开门刀与各层厅门地坎及各层厅门开门装置的滚轮与轿厢地坎间的间隙均须在 5～10mm 范围以内，开门刀两侧与门锁滚轮间隙为 3mm。

3．厅门上滑道外侧垂直面与地坎槽内侧垂直面的距离应符合图纸要求，在上滑道两端和中间三点吊线测量相对偏差均应不大于 $\pm 1mm$。上滑道与地坎的平行度误差应不大于 1mm，导轨本身的不铅垂度，应不大于 0.5mm。

4．厅门扇垂直度偏差不大于 2mm，门缝下口扒开量不大于 10mm，门轮偏心轮对滑道间隙 c 不大于 0.5mm。

5．厅门框架立柱的垂直误差和上滑道的水平度误差均不应超过 1/1000。

6．厅门关好后,机锁应立即将门锁住,锁紧件啮合长度至少为 7mm,应由重力弹簧或永久磁铁来产生并保持锁紧动作,而不得由于该装置的功能失效,造成层门锁紧装置开启厅门外不可将门扒开,可借助于紧急开锁的钥匙开启厅门,每一扇厅门必须认真检查。

7．厅门门扇下端与地坎面的间隙为 6±2mm,门套与厅门的间距为 6±2mm。住宅梯间距为 5±2mm。

三、监理巡视检查

监理巡视检查重点如下:

1．层门地坎至轿厢地坎之间的水平距离偏差在 0～3mm 之内,且最大距离不得超过 35mm。

2．层门强迫关门装置必须动作正常。

3．导门地坎的水平度不得大于 2/1000,地坎应高出装修地面 2～5mm。

4．层门指示灯盒、召唤盒、消防开关等应安装正确,其面板与墙面贴实,且横平竖直。

5．固定钢门套时,要焊在门套的加强筋上,不可在门套上随意焊接。

6．所有焊接连接和膨胀螺栓固定的部件一定要牢固可靠。砖墙上不准用膨胀螺栓固定。

7．凡是需埋入混凝土中的部件,一定要经有关部门检查办理隐蔽工程手续后,才可浇筑混凝土。

四、监理验收

(一) 主控项目验收

1．当距轿底面在 1.1m 以下使用玻璃轿壁时,必须在距轿底面 0.9～1.1m 的高度安装扶手,且扶手必须独立地固定,不得与玻璃有关。

监理方法:现场观察检查。

2．层门地坎至轿厢地坎之间的水平距离偏差为 0～+3mm,且最大距离严禁超过 35mm。

监理方法:现场观察检查及尺量检查。

3．层门强迫关门装置必须动作正常。

监理方法:现场观察检查及试验检查。

4．动力操纵的水平滑动门在关门开始的 1/3 行程之后,组织关门的力严禁超过 150N。

监理方法:现场观察检查。

5．层门锁钩必须动作灵活,在证实锁紧的电气安全装置动作之前,锁紧元件的最小齿合长度为 7mm。

监理方法:现场观察检查及尺量检查。

第 3 条、第 5 条为强制性条文,必须严格执行。

(二) 一般项目监理

1．当轿厢有反绳轮时,反绳轮应设置防护装置和挡绳装置。

监理方法:现场观察检查。

2．当轿厢顶外侧边缘至井道壁水平方向的自由距离大于 0.3mm 时,轿顶应装设防护栏及警示性标识。

监理方法：现场观察检查。

3. 门刀与层门地坎、门锁滚轮与轿厢地坎间隙不应小于5mm。

监理方法：现场观察检查及尺量检查。

4. 层门地坎水平度不得大于2/1000，地坎应高出装修地面2~5mm。

监理方法：现场观察检查。

5. 层门指示灯盒、召唤盒和消防开关应安装正确，其面板与墙面贴实，横竖端正。

监理方法：现场观察检查。

6. 门扇与门扇、门扇与门套、门扇与门楣、门扇与门口处轿壁、门扇下端与地坎的间隙，乘客电梯不应大于6mm，载货电梯不应大于8mm。

监理方法：现场观察检查及尺量检查。

第五节 电器装置安装施工及质量监理

一、材料（设备）要求

（一）电缆

电梯用电缆用于轿厢、机房、控制盒之间连接，作为电梯能源、控制回路中的通道。在安装敷设前均应用500V兆欧表对电缆的绝缘电阻进行测量，测试结果应符合产品要求，一般要求不低于0.5MΩ。敷设前还应该对所施工的电缆规格型号、电压等级、电缆截面是否符合设计要求，并检查电缆表面有无损伤，严禁使用有绞拧、护层断裂等损伤缺陷的电缆。

电梯随线（软电缆）规格见表19-12。

电梯随线（软电缆）规格、重量参考表　　　　表19-12

随线芯数	每一芯截面（mm²）	每一芯的单根组成（单根树/直径值）	绝缘厚度（mm）	护套厚度（mm）	随线外径（mm）	重 量（kg/km）
8	1.0	32/0.2	0.8	2.0	18.23	312
16	1.0	32/0.2	0.8	2.0		460
16	1.5	48/0.2	0.8	2.0	19.78	537
24	1.0	32/0.2	0.8	2.0	24.09	740
33	1.0	32/0.2	0.8	2.0	24.03	826

成缆中心用2.5mm尼龙充填。

每根芯线打印编号或用颜色区分。

（二）配电控制屏、柜

常用的电梯电路分为：①交流电机拖动、轿内按钮开关控制电路；②交流拖动、轿内手柄控制电路；③交流拖动、轿内外按钮开关控制电路；④交流拖动、信号控制电路；⑤交流拖动、集选控制电路；⑥直流拖动、集选控制、干簧管换速电路；⑦直流拖动、集选控制、机械选层器等多种。因电梯电路和制造厂家不同，配电及控制的屏、柜技术参数、外形尺寸均不同。配电、控制屏柜到场后，根据制造厂装箱单进行数量和型号规格的验收。控制屏、柜外形尺寸应符合设计要求。控制屏、柜上的各种电子器件、按钮、指示灯、调节旋钮都应按设计图要求装配在适当位置,并标有相应的名称和代号。还应检查屏、柜的外观质量在包装、运输过程中是否有损坏,是否有变形。查看屏、柜上的铭牌是否完整,屏、柜上装配的元、器件排列是否整齐、安装牢固。屏、柜的接地端子位置处应有标志,活动机构与屏、柜之间应用接地线连接。

控制屏、柜在制造厂型式试验中已作过空载试验,因此在施工现场可不再做单体试验。

（三）电气、控制器件

电梯是大型的机电合一的特种设备,相应的机械有相应的电气控制和保护,其系统框图如图19-20所示。

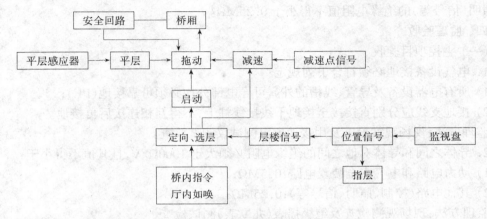

图 19-20　电气控制系统框图

控制线路主要由以下几部分组成:轿内指令线路、厅门呼梯线路、指层线路、定向选层线路、启动运行线路、平层线路、开关门控制线路、安全保护线路及对采用电动-发电机组控制的电梯的原动机控制线路。

常见的电气组件有操纵箱、指层灯箱、召唤按钮箱、轿顶检修箱、换速平层装置、限位开关装置、极限开关装置、选层器、控制柜、开门机电阻器箱等。对所有的电气组件和组件内的电气器件,均应作外观检查,不得有明显的残损,器件、组件、上应有技术标牌。所表明的技术数据、出厂日期等应与设计文件相符。

二、监理巡视检查

施工过程中监理应重点注意如下质量问题

1．机房和井道内应按产品要求配管(槽)配线。护套电缆和橡套软电缆不得明敷于地面。

2．线槽内导线总面积不应大于线槽净面积的60％;导管内导线总面积不应大于导管内净面积的40％;导管、线槽、软管等敷设应整齐牢固。

3．接地支线的线色应符合要求,采用黄绿相间的绝缘导线。

4．安装墙内、地面内的电线管、槽,安装要符合《建筑电气工程施工质量验收规范》(GB 50303—2002)的要求,验收合格后才能隐蔽墙内或地面内。

5．线槽箱盒等不允许用电气焊切割或开孔。

6．对于易受外部信号干扰的电子线路,应有防干扰措施。

7．电线管、槽及箱、盒连接处的跨接地线必须连续,不可遗漏,各接地线应分别直接接到专用接地端子上,不得串接后再接地。

8. 随行电缆敷设前必须悬挂松劲后,方可固定。

9. 各安全保护开关应固定可靠,安装后不得因电梯正常运行的碰撞或因钢绳、钢带、电缆、皮带等正常的摆动,而使其开关产生位移、损坏和误动作。

三、监理旁站

为了保证设备各电气回路对地的绝缘电阻值符合 GB 50310—2002 的要求,监理应对施工单位的电气绝缘试验进行旁站。导体之间和导体对地之间的绝缘电阻必须大于 $1000\Omega/V$,且动力电路和电气安装装置电路的绝缘电阻值不得小于 $0.5M\Omega$;其他电路(控制、照明、信号等)的绝缘电阻值不得小于 $0.25M\Omega$。

四、监理验收

(一)主控项目验收

1. 电气设备接地必须符合下列规定:

1)所有电器设备及导管、线槽的外露可导电部分均必须可靠接地(PE);

2)接地支线应分别直接接至接地干线接线柱上,不得互相连接后再接地。

监理方法:现场观察检查及用接地电阻测试仪测试检查。

2. 导体之间和导体对地之间的绝缘电阻必须大于 $1000\Omega/V$,且其值不得小于:

1)动力电路和电气安全装置电路:$0.5M\Omega$;

2)其他电路(控制、照明、信号等):$0.25M\Omega$。

监理方法:现场观测检查及绝缘摇表(兆欧表)测试检查。

其中 1、1),1、2)为强制性条文,必须严格执行。

(二)一般项目验收

1. 主电源开关不应切断下列供电电路:

(1)轿厢照明和通风;

(2)机房和滑轮间照明;

(3)机房、轿顶和底坑的电源插座;

(4)井道照明;

(5)报警装置。

监理方法:现场观察检查及用万用表测量检查。

2. 机房和井道内应按产品要求配线。软线和无护套电缆应在导管、线槽或能确保起到等效防护作用的装置中使用。护套电缆和橡套软电缆可明敷于井道或机房内使用,但不得明敷于地面。

监理方法:现场观察检查。

第六节 安全保护装置施工及质量监理

一、材料设备和安装工艺要求

(一)限速器

限速器安装在电梯机房楼板上,其位置在曳引机的一侧。限速器的绳轮垂直于井道中轿厢的侧面,绳轮上的钢丝绳引下井道与轿厢连接后再通过井道底坑的张绳轮返回到限速器绳轮上,这样限速器的绳轮就随轿厢运行而转动。安全钳安装在轿厢架的底梁上,即底梁两端各装一副,其位置和导轨相似,随轿厢沿导轨运行。安全钳楔块由拉杆、弹簧等传动机构与轿厢上限速器的钢丝绳连接,组成一套限速装置,如图 19-21 所示。

限速器有用球限速器和甩块限速器两种,见图 19-21 右。甩球限速器的球轴突出在限速器的顶部,并与拉杆弹簧连接,随轿厢运行转动,利用离心力甩起球体控制限速器的动作。甩块限速器的块体装在心轴转盘上,原理与甩球相同,如果轿厢向下超速行驶时,超过额定速度的 115%,限速器的甩球或甩块的离心力就会加大,通过拉杆和弹簧装置卡住绳轮,制止钢丝绳移动,但轿厢仍向下移动,这时,钢丝绳就会把拉杆提起,通过传动装置把轿厢两侧的安全钳提起,因为安全钳本身是有角度的斜形楔块并受斜形外套限制,所以向上提起时必然要向导轨夹靠而卡住导轨,制止轿厢向下滑动,见图 19-22。

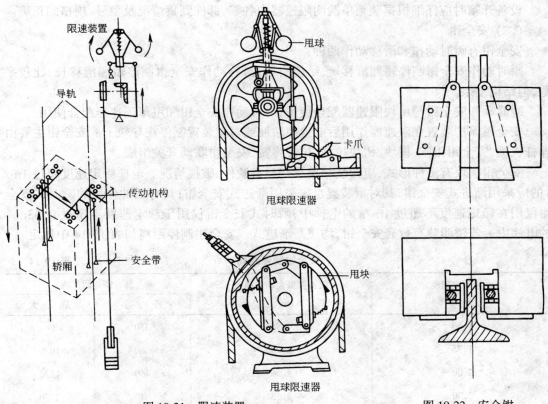

图 19-21　限速装置　　　　　　　　　　图 19-22　安全钳

作为一种超速和失控保护的安全装置,要求限速器的动作速度不低于轿厢额定速度的 115%,但又不大于表 19-13 中所规定的数值。

限速器最大动作速度　　　　　　　　　　　　　　表 19-13

额定速度(m/s)	限速器最大动作速度(m/s)	额定速度(m/s)	限速器最大动作速度(m/s)
≤0.50	0.85	1.75	2.26
0.75	1.05	2.00	2.55
1.00	1.40	2.50	3.13
1.50	1.98	3.00	3.70

安装前应检查限速器铭牌,是否与安装的电梯相符。各种限速器在出厂前,均应作严格的检查和试验。由于限速器校验要求高,对运到施工现场的限速器应检查其铅封情况,而不许可自行调整限速器中的平衡弹簧。

对重的限速器动作速度应大于轿厢限速器的动作速度,但不应超过10%。额定速度低于0.75m/s的电梯,对重安全钳可允许不设限速器。

限速器是通过限速器钢丝绳来传递轿厢运行速度的,对钢丝绳要求直径不小于7mm,安全系数不小于5,实用时多采用8mm以上的外粗式纤维芯钢丝绳,以保障其有足够驱动安全钳的拉力,限速器绳拉力不宜小于300N,为安全钳起作用所需力的两倍。

通过张紧装置的作用使绳与绳轮之间有足够的压紧力,使绳轮反映电梯的实际运行速度。张紧装置对绳索每分支的拉力不小于150N。

设备开箱时应仔细根据装箱单验明限速器中各零、部件到货情况及型号、规格的正确。

(二) 安全钳

安全钳有瞬时动作和滑移动作两种:

瞬时动作安全钳制停轿厢滑移短,结构简单;滑移动作安全钳制停轿厢滑移长,比较平稳,但结构复杂。

瞬时动作安全钳与甩块限速器配合使用;滑移动作安全钳和甩球限速器配合使用。

安全钳保护装置在限速器作用后能迫使轿厢或对重装置制停在导轨上。安全钳主要由连杆机构、完全钳钳座、楔块、钳块拉杆、拉杆弹簧、安全钳联动开关组成。

安全钳楔块有多种形式,应按装箱单检查设备缺件、破损情况。电梯额定速度超过1m/s的应采用渐进式安全钳,其对重装置也需采用渐进式安全钳;具有缓冲作用的瞬时式安全钳仅用在额定速度不超过1m/s的电梯中,瞬时式安全钳仅用于额定速度不超过0.63m/s的电梯中。若轿厢装有数套安全钳,均应是渐进式。安全钳制停距离如表19-14中规定。

安全钳制停距离　　　　　表19-14

电梯额定速度 (m/s)	限速器最大动作速度 (m/s)	制 停 距 离	
		最　小	最　大
1.50	1.98	330	840
1.75	2.26	380	1020
2.00	2.55	460	1220
2.50	3.13	640	1730
3.00	3.70	840	2320

在装有额定载荷的轿厢被安全钳制动时的平均减速度应在 $0.2\sim1g(g=9.8m/s^2)$ 之间。

(三) 缓冲器

缓冲器设于井道底坑中,有轿厢和对重的缓冲器,见图19-23。其作用是减小轿厢或对重在事故情况下,蹾底的冲击力。

1. 弹簧式缓冲器(即蓄能型缓冲器)电梯速度为1m/s以下时,多采用弹簧缓冲器。

2. 油压式缓冲器(即耗能型缓冲器)电梯速度大于1m/s者,需要采用油压缓冲器。油

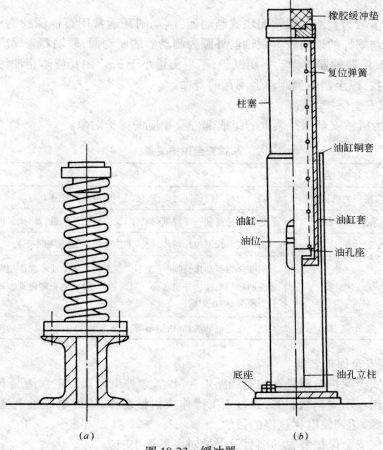

图 19-23 缓冲器
(a)弹簧缓冲器；(b)油压缓冲器

压缓冲器是在油缸内充入机械油或汽缸油。当柱塞受压时，油缸内的油压增大，并通过油孔立柱、油孔座和油嘴向柱塞喷射，这时油压产生的阻力缓冲了柱塞上的压力。当柱塞完成了有效工作缓冲行程，并消除了柱塞上的压力后，由于柱塞中复位弹簧的作用，促使柱塞复位，完成一次缓冲行程。油压缓冲器缓冲过程是连续均匀的，因此作用比较平稳。

耗能型缓冲器在电梯以额定载重及 115% 的额定速度下，平均减速度不大于 $1g$（$g=9.8m/s^2$），最大减速度 $2.5g$，持续时间不应超过 $1/25s$。最大有效工作缓冲行程如表 19-15 所示。

最大有效工作缓冲行程 表 19-15

电梯额定速度(m/s)	最大缓冲速度(m/s)	最小缓冲行程(mm)
1.5	1.725	152
1.75	2.01	206
2.0	2.30	270
2.5	2.875	422
3.0	3.45	608

(四)制动器

制动器大多数为直流电磁常闭块式制动器，制动闸瓦通常用石棉像胶制成。制动器安装在电动机轴与蜗杆的连接处。联轴器外圆为制动器的制动面，联轴器表面应光洁，粗糙度要求为1.6~0.8，联轴器应作动平衡试验，不平衡量小于2g。闸瓦应防止油污，油污会影响闸瓦的摩擦系数，以至影响到制动器闸瓦的寿命。

(五)机械安全保护装置。

表19-16为机械安全保护装置的组成部件及相应的保护对象。

机械安全保护装置　　　　表19-16

序号	部件项目	保护对象
1	轿门、层门的机械联锁	轿门与层门门锁同时动作，使门不能由外部打开
2	限速器	当轿厢超速到一定程度时动作，发出电信号并进行机械保护
3	安全钳	由限速器操纵拉杆动作，使其卡住导轨，保持轿厢不下行
4	缓冲器	当安全钳不动作，轿厢超速下滑或因超载制动器不起作用发生溜车时，可防止轿厢猛烈地撞向井道底部。当轿厢冲顶时，对重侧碰到缓冲器，使曳引绳牵引力消失，防止轿厢冲顶及断绳
5	盘车手轮	插进电动机轴端，放松制动器，用人力使曳引机转动，移动轿厢至适当位置

(六)电气安全保护装置。

一般电梯安全保护电路是在控制线路中，并设置急停继电器。正常情况下，急停继电器吸合。当电梯出现不安全状态时，通过人工操作或机械动作，迫使电压继电器失电释放，切断电梯控制电源，达到使电梯急停的目的。

电梯的电气安全保护装置的项目及保护对象见表19-17。

电气安全保护装置　　　　表19-17

序号	项目	保护对象
1	主接触器	当停电、低电压或出现其他故障时切断主回路电源
2	热继电器	曳引机过载时，切断供给曳引机主回路电源
3	井底检修急停开关	在井底有人工作时，断开此开关切断控制回路
4	选层器钢带张紧开关	当钢带变形拉长或断开时，切断控制回路
5	限速器张紧开关	当限速器钢丝绳变形拉长不起作用时，此开关断开，切断控制回路
6	轿厢安全窗开关	当打开安全窗时，切断控制回路
7	电磁制动器	当需要停止运行时，产生制动力矩使电梯停车
8	安全钳开关	当电梯发生事故超速或失控时，限速器动作，安全钳提起，开关动作，切断控制回路
9	轿厢检修急停开关	在检修运行时，发现故障或意外，按动或拨动此开关，停止电梯运行
10	急停按钮	电梯在运行中发现故障需急停时，在轿厢内按动此开关，切断控制回路
11	各厅门门锁联锁开关	若有一个厅门未关或未关好(门锁开关不闭合)，电梯就不能正常起动运行

续表

序号	项目	保护对象
12	轿门安全触板开关	当关门过程中人或物体碰到触板时,微动开关动作,切断关门回路,同时电梯由关门状态变为开门状态
13	轿厢门锁开关	轿厢门未关好时,此开关不闭合,电梯不能正常起动运行
14	轿厢上行机械缓速开关	当电梯运行至顶层换速位置时不换速,能自动实现换速
15	上行限位开关	当电梯运行至顶层仍不停车时,此开关断开,起到第二级安全保护,切断主回路电源
16	下行机械缓速开关	当电梯运行至底层换速位置时不换速,能自动实现换速
17	下行限位开关	当电梯运行至底层仍不停车时,此开关断开,起到第二级安全保护,切断主回路电源
18	终端限位开关	当电梯运行至端站仍不停梯,进行第三级安全保护,切断主回路电源
19	应急警铃和电话机	在发生故障时,轿厢内可向机房或监控室通话
20	超载保护	当电梯超过额定负载时,电梯给出警告信号,不能起动运行,直至减载为止
21	测速发电机	当电梯超速时,发出电信号给控制回路进行速度调整

（七）电梯安全装置系统动作图。

电梯的电气与机械安全装置有机地结合,保证了电梯安全运行。图 19-24 为电梯安全装置系统动作图。

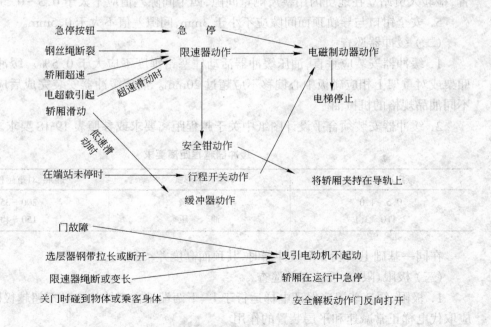

图 19-24 电梯安全装置系统动作图

二、监理巡视检查

电梯作为一种机电一体的运输装置,从功能上划分应有如下安全设施:超速保护装置;

供电系统断相、错相保护装置;撞底缓冲装置;超越上、下极限工作位置时的保护装置;层门锁与轿门电气联锁装置;井道底坑有通道时,对重应有超速或断绳下落的保护装置;停电或电气系统发生故障时,应有轿厢慢速移动的措施。

安装前应熟悉图纸,了解所安装的电梯采用安全保护装置的类型,并核对安全保护开关、继电器的位置和控制柜、屏上的接线端子。

(一)安全钳和限速器的巡查

1. 安全钳是重要的机械安全保护装置,安全钳与导轨的间隙应符合产品设计要求。为防止电梯在没有安全钳保护下行使,故应对配重轮的下落状态进行巡查。当配重轮下落高度大于50mm时,能立即断开限位开关。

2. 当轿厢行驶速度超过限定值时,要求限速器动作,夹住限速器钢丝绳,并由限速器钢丝绳拉起连杆机构,迫使安全钳楔块夹住导轨并使限位开关动作,使系统停止运行。试验方法是在轿厢顶上用能指示拉力的拉磅对限速器绳头进行试拉,钢丝绳张紧力应在150~300N时动作,切断限位开关,使电梯立即停止运行。

3. 限速器动作速度应符合设计要求。当转速达到限速器动作速度的95%时,限位开关应动作。

限速器由制造厂试验合格后铅封,限速器在施工中需要时也应由制造厂进行试验和调整。

4. 双楔块安全钳钳面到全导轨侧面之间的间隙为2~3mm,单楔块式的安全钳座与导轨侧面的间隙为0.5mm。各安全钳高度应基本一致。检查方法是使轿厢停在底层稍高位置,检验人员站立在地坑内用塞尺测量间隙,四个间隙差值应不大于0.3~0.5mm。

5. 安全钳口与导轨顶面间隙应不小于3mm,间隙差值不大于0.5mm。

(二)缓冲器巡查

1. 缓冲器安装应垂直,油压缓冲器活动柱塞铅垂度不应大于0.5%。缓冲器中心与轿厢架或对重架上相应碰板中心偏移不应超过20mm。油压缓冲器安装完成后应按要求选用不同油品规格的机械油。

2. 缓冲器安装须合乎设计图纸中关于越程距离要求或参照表19-18要求。

缓冲器越程距离要求 表19-18

额定速度(m/s)	缓冲器形式	轿厢、对重越程(mm)
0.5~1.0	弹 簧	200~350
>1.0~3.1	油 压	150~400

在同一基础上安装2个缓冲器时,其顶面高度差<2mm。

(三)极限、限位、缓速开关巡查

1. 极限、缓速装置应保证电梯运行于上、下两端站在事故状态时不超越极限位置,但不应取代电梯正常减速和平层装置的作用。

2. 极限、缓速开关的安装位置应控制在轿厢地槛超越上、下端站地槛50~200mm以内。碰铁接触碰轮后应使开关迅速断开。对速度大于1.6m/s的电梯可设有强迫缓速装置。强迫缓速开关的安装位置按下表19-19规定。

强迫缓冲开关的安装位置　　　　　　　　　　表 19-19

减速时间(s) \ 停制距离(m) \ 额定速度(m/s)	1.5	1.75	2	2.5	3
2	1.5	1.75	2	2.5	3
3	2.5	2.62	3	3.75	4.5
4				5	6

碰铁由制造厂提供,应无扭曲变形,垂直安装,偏差不大于长度的 1/1000,最大偏差不大于 3mm。在任何情况下碰轮边距碰铁边不应小于 5mm。

（四）制动器巡查

1．安装后的外圆径向跳动不应超过直径 1/3000。

2．应仔细反复调整制动轮间隙,使闸瓦和制动轮同心,间隙为 0.5~0.7mm。通过调节制动弹簧来控制制动力的大小合适。静载时,压紧力能克服电梯差重;超载时,能使电梯可靠制动;制动时,两侧闸瓦应紧密、均匀地贴在制动轮工作面上。

（五）安全开关巡查

1．按图纸观察检查各种安全保护开关固定是否可靠,严禁采用焊接方法固定安全开关。

2．极限、限位,缓速安装位置是否正确,可用手动盘车和试慢车方式来确定开关位置,以保证在事故状态时不超越极限位置。

3．轿厢安全窗开关保护可在电梯运行中,用力推动轿顶安全窗时,安全窗开启 50mm,电梯应立即停止运行。

4．急停、检修开关分别安装于轿厢操纵盘上、轿厢顶部或井道底坑。可通过电梯运行功能试验来验证。

5．选层器钢带断带保护开关检验,在实际操作中用工具将钢带(绳、链)人为松弛,使带、绳、链的张紧轮下降到 50mm 时,保护开关动作,电梯停止运行为正确。

（六）层门、轿门安全装置巡查

1．在正常运行时,应不可能打开层门,除非轿厢在该层门的开锁区域内已停止或在停车位置。通常情况开锁区域不得超过层站地坪上下 0.2m。每个层门都应设置锁闭装置。通常电梯只有在轿厢闭锁情况下,电梯才能运行。检查时,在每一层楼,当厅门和轿厢门打开时,按电梯向上或向下操作按钮,这时电梯不能运行为正常;当电梯作慢速运行试验时,用手扳动厅门的滚轮。触动锁闭装置,电梯立即停止运行为正常。

2．自动门安全触板的试验,可在轿厢门关闭进行过程中,用手触及轿厢自动门安全触极,门应自动返回到开启位置,即为可靠。触板的碰撞力不大于 0.5kg。

（七）整定封记和整定量的巡查

限速器和可调节的安全钳的整定封记应定的,且无拆动痕迹。对限速器和安全钳,监理人员在材料验收时,应注意检查整定封记的定好性;在安装和调试时,应注意施工人员对限速器的速度整定量和安全钳的调节量有无改动行为。

三、安装质量监理验收

（一）主控项目验收

1. 限速器动作速度整定封记必须完好,且无拆动痕迹。

监理方法:现场观察检查。

2. 当安全钳可调节时,整定封记必须完好,且无拆动痕迹。

监理方法:现场观察检查。

上述两条为强制性条文,必须严格执行。

(二) 一般项目验收

1. 限速器张紧装置与其限位开关相对位置安装应正确。

监理方法:现场观察检查。

2. 安全钳与导轨间隙应符合产品设计要求。

监理方法:现场观察检查及用塞尺检查。

3. 轿厢在两端站平层位置时,轿厢、对重的缓冲器撞板与缓冲器顶面间的距离应符合土建布置图要求。轿厢、对重的缓冲器撞板中心与缓冲器中心的偏差不应大于20mm。

监理方法:现场观察检查及用吊绳、钢尺检查。

第七节 整机安装验收

电梯作为一种机电产品,须在制造、安装后满足一定的使用功能。由于产品从运输到施工现场的零、部件都是以散件或组件形式出现,只有通过施工现场的组装、安装后才能以整体面貌构成电梯产品。试运转即是在经安装、清洗、润滑后,正式交付用户投入使用前对产品的技术性能、指标进行系统检查、调整的一道工序,通过整机的性能试验和检测来确保电梯质量。

一、试运转质量控制

试运转质量控制要点如下:

1. 在试运转前,应组织安装人员进行全面的检查,检查是否有遗漏安装的零、部件;导轨接头处压板螺栓应紧固,导轨表面如有杂物应清除,保持清洁并加润滑油,对重架内放置50%配重(约等于轿厢空重);控制屏、柜内、外接线应正确;清除机房中不必要东西;准备试验用仪器;确认供电电源。

2. 绝缘电阻测试应合格,并有绝缘电阻测试记录数据表。

3. 接地良好,并有接地电阻测试数据。

4. 电气与机械设备进行过必要的单体检查和调整。

5. 电气安全装置检查:

(1) 检查电梯检修门、安全门及检修活板门的关闭情况;

(2) 检查层门、轿厢门关闭、锁闭情况;

(3) 检查钢丝绳、链条等延伸情况;

(4) 检查安全钳、限速器动作,复位情况;

(5) 检查缓冲器复位情况;

(6) 检查极限开关安装位置,可靠程度情况;

(7) 检查主电源开关控制情况;

(8) 检查轿厢位置传递装置正确情况;

(9) 检查平层、再平层开关情况;
(10) 检查检修运行开关、紧急电动运行开关情况;
(11) 检查钥匙开关操作情况;
(12) 检查电梯停止装置情况。

6．给曳引机组各绳轮润滑点加油,如给曳引机组导向轮、反绳轮、曳引轮轴承处加注润滑脂;电动机轴承处加机油;限速器轴承处加润滑脂。润滑油(脂)牌号必须与说明书上要求一致,不得任意使用。

7．电梯沿井道手动盘车,全程应无卡阻现象。

8．检查电源供电电压的频率与容量是否符合要求。

9．进行各系统部件空载(指不挂轿厢曳引绳)或模拟动作试验,应无异常情况。各继电器的工作正常,信号显示清晰。

二、监理对整机安装的巡视检查

电梯的技术性能和安全性能是通过专项调试、试验确定的。在电梯安装单位对电梯整机调试、试验过程中,监理应进行巡视检查,确保电梯各项性能指数达到设计、规范要求,也验证了电梯安装单位数据的可靠性。

(一) 电气动作试验

1．检查全部电气设备的安装及接线应正确无误,接线牢固。

2．摇测电气设备的绝缘电阻不应小于 $0.5MΩ$,并做记录。

3．按要求上好保险丝,并对时间继电器、热保护元件等需要调整部件进行检查调整。

4．摘掉至电极及抱闸的电气线路,使它们暂时不能动作。

5．在轿厢操纵盘上按步骤操作选层按钮、开关门按钮等,并手动模拟各种开关相应的动作,对电气系统进行如下检查:

(1) 信号系统:检查指示是否正确,光响是否正常。

(2) 控制及运行系统:通过观察控制屏上继电器及接触器的动作,检查电梯的选层、定向、换速、截车、平层等各种性能是否正确;门锁、安全开关、限位开关等在系统中的作用;继电器、接触器、本身机械、电气联锁是否正常;同时还要检查电梯运行的起动、制动、换速的延时是否符合要求;以及屏上各种电气元件运行是否可靠、正常,有无不正常的振动、噪声、过热、粘接等现象。对于设有消防员控制及多台程序控制的电梯,还要检查其动作是否正确。

(二) 曳引机空载试运转

1．将电梯曳引绳从曳引轮上摘下,恢复电气动作试验时摘除的电机及抱闸线路。

2．单独给抱闸线圈送电,检查闸瓦间隙、弹簧力度、动作灵活程度及磁铁行程是否符合要求,有无不正常震动及声响,并进行必要的调整,使其符合要求,同时检查线圈温度,应小于 $60℃$。

3．摘去曳引机联轴器的连接螺栓,使电机可单独进行转动。

4．用手盘动电机使其旋转,如无卡阻、声响正常,可启动电机使其慢速运行,检查各部件运行情况及电机轴承温升情况。若有问题,随时停车处理。如运行正常,5min 后改为快速运行,并对各部运行及温度情况继续进行检查,轴承温度的要求为:油杯润滑不超过 $75℃$,滚动轴承不应超过 $85℃$。直流电梯应检查其电刷接触是否良好,位置是否正确,并观察电机转向应与运行方向一致。情况正常,30min 后试运行结束。试车时,要对电机空载电流进行测量,应符合要求。

5．连接好联轴器,手动盘车,检查曳引机旋转情况。如情况正常,将曳引机盘根压盖松开,启动曳引机,使其慢速运行,检查各部件运行情况。注意盘根处应有油出现,曳引机的油温度不得超过80℃,轴承温度不应超过85℃。如无异常,5min后改为快速运行,并继续对曳引机及其他部位进行检查。情况正常时,30min后试运转结束。在试运转的同时逐渐压紧盘根压盖,使其松紧适中,以每分钟3～4滴油为宜(调整压盖时,应注意盖与轴的周围间隙应一致)。试车中对电流进行检测。

(三) 慢速负荷试车

1．将曳引绳复位。

2．在轿厢内装入一半载重量,切断控制电源,用手轮盘车(无齿轮电梯不作此项操作),检查轿厢对重的导靴与导轨配合情况(并对滑动导靴的导轨加油润滑),如果正常,可合闸开慢车。

3．在轿厢盘车或慢行的同时,对梯井内各部位进行检查,主要有:开门刀与各层门地坎间隙;各层门锁与轿厢地坎间隙;平层器与各层铁板间隙;限位开关、越程开关等与碰铁间位置关系;轿厢上、下坎两侧端点与井壁司隙;轿厢与中线盒间隙;随线、选层器钢带、限速器钢丝绳等与井道各部件距离。

对以上各项的安装位置、间隙、机械动作要进行检查,对不符合要求的应及时进行调整。同时在机房内对选层器上各电气接点位置进行检查调整,使其符合要求。慢车运行正常,层门关好,门锁可靠,方可快车行驶。

(四) 快速负荷试车

开慢车将轿厢停于中间楼层,轿内不载人,按照操作要求,在机房控制屏处手动模拟开车。先单层,后多层,上下往返数次(暂不到上、下端站)。如无问题,试车人员进入轿厢,进行实际操作。试车中对电梯的信号系统、控制系统、驱动系统进行测试、调整,使其全部正常,对电梯的起动、加速、换速、制动、平层及强迫缓速开关、限位开关、极限开关、安全、可靠。外呼按钮、指令按钮均起作用,同时试车人员在机房内对曳引装置、电机(及其电流)、抱闸等进行进一步检查。各项规定测试合格,电梯各项性能符合要求,则电梯快速试验即告结束。

(五) 自动门调整(直流电机驱动)

1．调整门杠杆,应使门关好后,其两壁所成角度小于180°,以便必要时,人能在轿厢内将门扒开。

2．用手盘门,调整控制门速行程开关的位置。

3．通电进行开门、关门,调整门机电阻使开关门的速度符合要求。开门时间一般调整在2.5～3s左右。关门时间一般调整在3～3.5s左右。

4．安全触板应功能可靠。

(六) 平层的调整

1．轿厢内半载,调整好抱闸松紧度。

2．快速上下运行至各层,记录平层偏差值,综合分析,调整选层器(调整截车距离)及调整遮磁板,使平层偏差在规定范围内。

3．轿厢在最底层平层位置。轿厢内加80%的额定负载,轿底满载开关动作。

4．轿厢在最底层平层位置,轿内加110%的额定负载,轿底超载开关动作,操纵盘上灯亮,蜂鸣器响,且门不关。

5. 平层准确度试验。各类电梯轿厢平层准确度应达到表 19-20 规定值。

电梯轿厢平层准确度 表 19-20

电梯类别	额定速度(m/s)	平层准确度(mm)
交流双速	≤0.63	±15
交流双速	0.63~1.00	±30
交直流调速	<2.00	±15
交直流调速	2.00~2.50	±10

(七) 电梯运行与荷载试验

1. 运行试验分三种状态:
(1) 空载;
(2) 额定载重量的 50%;
(3) 额定载重量的 100%。

每一种状态均在通电持续率不少于 40% 的情况下往复升降各 2h(空载、半载、满载共 6h)。观察电梯在起动、运行和停止时有无剧烈振动,制动器动作是否可靠,制动器线圈温度不应超过 60℃,减速机油温度不应超过 85℃,温升不超过 60℃,电梯信号及各种程序控制是否良好,控制柜、操纵盘是否工作正常;停层应准确平稳。

2. 负荷静载试验:使轿厢位于底层切断电源,陆续加入负荷,如搬进砼块、砖等。乘客电梯、医用电梯和 2t 以上的货梯可加到额定载重量的 200%;其他型号电梯加到额定载重量的 150%。保持此状态 10min,观察各承重构件有无损坏现象,曳引绳在槽内有无滑移溜车现象,制动器刹车是否可靠。

3. 超载运行试验:使轿厢承重为额定载重量的 110%,在通电持续率 40% 的情况下运行 30min,观察电梯起动、制动情况、平层误差,减速机、曳引电动机应工作正常,制动器动作应可靠。

(八) 检修速度调试应符合下列要求:

1. 制动器的调整应符合下列要求:
(1) 制动力和动作行程应按设备的要求调整;
(2) 制动器闸瓦在制动时应与制动轮接触严密。松闸时与制动轮应无摩擦,且间隙的平均值不应大于 0.7mm。

2. 全程点动运行应无卡阻;各安全间隙应符合要求;
3. 检修速度不应大于 0.63m/s;
4. 自动门运行应平稳、无撞击。

(九) 额定速度试运行应符合下列要求:

1. 轿厢内置入平衡负载,单层、多层上下运行,反复调整升至额定速度,起动、运行、减速应舒适可靠,平层准确;
2. 在工频下,曳引电动机接入额定电压时,轿厢半载向下运行过程中部的速度应接近额定速度,且不应超过额定速度的 5%(加速段和减速段除外)。

（十）技术性能测试应符合下列规定：

1. 电梯的加速度和减速度的最大值不应超过 $1.5m/s^2$。额定速度大于 $1m/s$、小于 $2m/s$ 的电梯，平均加速度和平均减速度不应小于 $0.5m/s^2$。额定速度大于 $2m/s$ 的电梯，平均加速度和平均减速度不应小于 $0.7m/s^2$；

2. 乘客、病床电梯在运行中，水平方向的振动加速度不应大于 $0.15m/s^2$，垂直方向的振动加速度不应大于 $0.25m/s^2$；

3. 乘客、病床电梯在运行中的总噪声应符合下列规定：

（1）机房噪声不应大于 80dB；

（2）轿厢内，噪声不应大于 55dB；

（3）开关门过程中噪声不应大于 65dB。

三、监理旁站

监理旁站内容如下：

1. 限速器与安全钳的联动试验监理应进行旁站。限速器与安全钳的电气开关在联动试验时，动作必须可靠，并使驱动主机立即制动；对瞬时式安全钳，人为使限速机械动作，安全钳应可靠动作，轿厢可靠制动且倾斜度符合要求。

2. 层门与轿门的试验，监理旁站时应注意试验是否严格符合 GB 50310—2002 的有关规定：

1）每层层门必须能用三角钥匙正常开启；

2）当一个层门或轿门（在多扇门中任何一扇门）非正常打开时，电梯严禁启动或继续运行。

3. 对牵引式电梯的牵引能力试验，监理应注意试验过程的试验配载量、平层可靠性、断电制停可靠性等数据的正确性。

四、整机安装监理验收

（一）主控项目验收

1. 安全保护验收必须符合下列规定：

（1）必须检查以下安全装置或功能：

1）断相、错相保护装置或功能

当控制柜三相电源中任何一相断开或任何二相错接时，断相、错相保护装置或功能应使电梯不发生危险故障。

注：当错相不影响电梯正常运行时可没有错相保护装置或功能。

2）短路、过载保护装置

动力电路、控制电路、安全电路必须有与负载匹配的短路保护装置；动力电路必须有过载保护装置。

3）限速器

限速器上的轿厢（对重、平衡重）下行标志必须与轿厢（对重、平衡重）的实际下行方向相符。限速器铭牌上的额定速度、动作速度必须与被检电梯相符。

4）安全钳

安全钳必须与其型式试验证书相符。

5）缓冲器

缓冲器必须与其型式试验证书相符。

6）门锁装置

门锁装置必须与其型式试验证书相符。

7）上、下极限开关

上、下极限开关必须是安全触点,在端站位置进行动作试验时必须动作正常。在轿厢或对重(如果有)接触缓冲器之前必须动作,且缓冲器完全压缩时,保持动作状态。

8）轿顶、机房(如果有)、滑轮间(如果有)、底坑停止装置

位于轿顶、机房(如果有)、滑轮间(如果有)、底坑的停止装置的动作必须正常。

(2) 下列安全开关,必须动作可靠:

1）限速器绳张紧开关;

2）液压缓冲器复位开关;

3）有补偿张紧轮时,补偿绳张紧开关;

4）当额定速度大于 3.5m/s 时,补偿绳轮防跳开关;

5）轿厢安全窗(如果有)开关;

6）安全门、底坑门、检修活板门(如果有)的开关;

7）对可拆卸式紧急操作装置所需要的安全开关;

8）悬挂钢丝绳(链条)为两根时,防松动安全开关。

监理方法:对现场及资料进行检查。

2．限速器安全钳联动试验必须符合下列规定:

(1) 限速器与安全钳电气开关在联动试验中必须动作可靠,且应使驱动主机立即制动;

(2) 对瞬时式安全钳,轿厢应载有均匀分布的额定载重量;对渐进式安全钳,轿厢应载有均匀分布的 125% 额定载重量。当短接限速器及安全钳电气开关,轿厢以检修速度下行,人为使限速器机械动作时,安全钳应可靠动作,轿厢必须可靠制动,且轿底倾斜度不应大于 5%。

监理方法:对现场及资料进行检查。

3．层门与轿门的试验必须符合下列规定:

(1) 每层层门必须能够用三角钥匙正常开启;

(2) 当一个层门或轿门(在多扇门中任何一扇门)非正常打开时,电梯严禁启动或继续运行。

监理方法:对现场及资料进行检查。

4．曳引式电梯的曳引能力试验必须符合下列规定:

(1) 轿厢在行程上部范围空载上行及行程下部范围载有 125% 额定载重量下行,分别停层 3 次以上,轿厢必须可靠地制停(空载上行情况应平层)。轿厢载有 125% 额定载重量以正常运行速度下行时,切断电动机与制动器供电,电梯必须可靠制动。

(2) 当对重完全压在缓冲器上,且驱动主机按轿厢上行方向连续运转时,空载轿厢严禁向上提升。

监理方法:对现场及资料进行检查。

其中,第 3 条是强制性条文,必须严格执行。

(二) 一般项目验收

1. 曳引式电梯的平衡系数应为0.4~0.5。

2. 电梯安装后应进行运行试验；轿厢分别在空载、额定载荷工况下，按产品设计规定的每小时启动次数和负载持续率各运行1000次（每天不少于8h），电梯应运行平稳、制动可靠、连续运行无故障。

监理方法：资料检查。

3. 噪声检验应符合下列规定

(1) 机房噪声：对额定速度小于等于4m/s的电梯，不应大于80dB(A)；对额定速度大于4m/s的电梯，不应大于85dB(A)。

(2) 乘客电梯和病床电梯运行中轿内噪声：对额定速度小于等于4m/s的电梯，不应大于55dB(A)；对额定速度大于4m/s的电梯，不应大于60dB(A)。

(3) 乘客电梯和病床电梯的开关门过程噪声不应大于65dB(A)。

监理方法：现场观察检查及用仪器测量检查。

4. 平层准确度检验应符合下列规定：

(1) 额定速度小于等于0.63m/s的交流双速电梯，应在±15mm的范围内；

(2) 额定速度大于0.63m/s且小于等于1.0m/s的交流双速电梯，应在±30mm的范围内；

(3) 其他调速方式的电梯，应在±15mm的范围内。

监理方法：现场观察检查及用尺量检查。

5. 运行速度检验应符合下列规定：

当电源为额定频率和额定电压、轿厢载有50%额定载荷时，向下运行至行程中段（除去加速加减速段）时的速度，不应大于额定速度的105%，且不应小于额定速度的92%。

监理方法：对现场及资料进行检查。

6. 观感检查应符合下列规定：

(1) 轿门带动层门开、关运行，门扇与门扇、门扇与门套、门扇与门楣、门扇与门口处轿壁、门扇下端与地坎应无刮碰现象；

(2) 门扇与门扇、门扇与门套、门扇与门楣、门扇与门口处轿壁、门扇下端与地坎之间各自的间隙在整个长度上应基本一致；

(3) 对机房（如果有）、导轨支架、底坑、轿顶、轿内、轿门、层门及门地坎等部位应进行清理。

监理方法：现场观察检查。

第二十章　液压电梯安装工程质量监理

本章适用于一般工业与民用建筑中依靠液压驱动的电梯安装工程质量监理。
本章主要监理依据为：
1．《电梯工程施工质量验收规范》GB 50310—2002；
2．《建筑工程施工质量验收统一标准》GB 50300—2001；
3．《液压电梯》JG 5071—96；
4．《电梯、液压电梯产品型号编制方法》JJ 45—86；
5．《电梯用钢丝绳》GB 8903—88；
6．《电梯、自动扶梯、自动人行道术语》GB/T 7024—97；
7．《电梯T形导轨》JG/T 5072.2—96；
8．《电梯T形导轨检验规划》JG/T 5072.2—96；
9．《电梯对重用空心导轨》JG/T 5072.3—96。

第一节　液压电梯安装施工过程和监理工作流程

液压电梯是依靠液压系统驱动的电梯。液压系统通常由液压泵站、柱塞液压缸、变量泵、流量流向控制阀组及电气控制装置等组成。除了驱动系统外，液压电梯的轿厢装置、层门装置、导轨、安全装置、电气装置等，与电力曳引式电梯相比，有的基本相同，有的基本类似。因此，液压电梯安装施工工艺过程可参考本篇第一条有关内容；监理工作流程可参考图19-1。

液压电梯一般可分为中心式（中心直顶式）和侧置式（侧置直顶式和侧置倍率式）两种；液压电梯的最大提升高度，一般为15~20m。液压电梯安装施工大致可分为六个分项内容：
1．驱动装置施工（含液压系统和对重、悬挂装置、随行电缆等（如果有））；
2．导轨组装施工；
3．轿厢、层门组装施工（含轿厢、门系统等）；
4．电气装置安装施工；
5．安全保护装置安装施工；
6．整机安装调试、运行。

监理应在设备进场验收和土建交接检验合格的基础上，对上述施工内容，逐项进行监理，保证各施工环节均达到设计要求和施工验收规范的要求。

一、设备进场验收

液压电梯对制造精度、安装精度提出了很高的要求。监理应尽可能参与电梯设备招投标工作和采购工作，协助业主根据设计文件和施工规范要求，制定电梯有关工艺参数和技术要求。电梯设备进场后，监理应组织由监理、业主、设备供应商、安装承包商参加的设备验收。

(一) 验收主控项目

电梯设备随机文件必须包括下列资料：

1．土建布置图；

2．产品出厂合格证；

3．门锁装置、限速器(如果有)、安全钳(如果有)及缓冲器(如果有)的型式试验证书(复印件)。

(二) 验收一般项目

1．电梯设备随机文件还应包括下列资料：

(1) 装箱单；

(2) 安装、使用维护说明书；

(3) 动力电路和安全电路的电气原理图；

(4) 液压系统原理图。

2．设备零部件应与装箱单内容相符。

3．设备外观不应存在明显的损坏。

二、土建交接检验

液压电梯对土建施工(如机房、井道、电源等)要求更为严格。土建交接检验可按第十九章、第一节、六、"土建交接检验"执行。

第二节 液压系统质量监理

一、液压系统施工工艺要求

液压系统是液压电梯的动力系统，一般液压动力元件、控制元件、执行元件和辅助元件组成。液压泵站是系统的动力元件，油压高低决定了液体流量的大小和电梯柱塞运动的快慢。液压油缸是执行元件，当流量变化时，油缸柱塞的伸缩量和伸缩速度发生变化。开关阀、节流阀、控制阀等是控制元件，油路管线等是辅助元件。液压电梯按轿厢和液压缸的联结方式，可分为单缸中心直顶式、单缸侧置直顶式、双缸侧置直顶式、单缸侧置倍率式、双缸侧置倍率式等多种。直顶式是由井道底部柱塞液压缸的柱塞直接作用在轿厢或轿架上，提升轿厢。同时，利用轿厢和载重的自重使电梯下降。侧置式是通过柱塞液压缸的柱塞作用在与轿架联成系统的滑轮、钢丝绳的悬吊装置上。直顶式液压电梯和侧置式液压电梯如图20-1 所示。直顶式将柱塞液压缸设置在井道地坑轿厢底部的中央位置;侧置式将柱塞液压缸设备在井道地坑内侧。

二、监理巡视检查

1．液压泵站、液压油缸、各种控制阀、管线等,应符合土建布置图和液压系统原理图的要求。

2．液压顶升机构的缸体和柱塞的垂直度必须符合设计和规范要求。

3．液压管路、元件等联结可靠，无渗漏现象。

4．各油位指示、油压指示均清晰、准确。

5．所有涉及设备基础、受力钢梁等的钢筋混凝土工程，均应进行隐蔽验收。

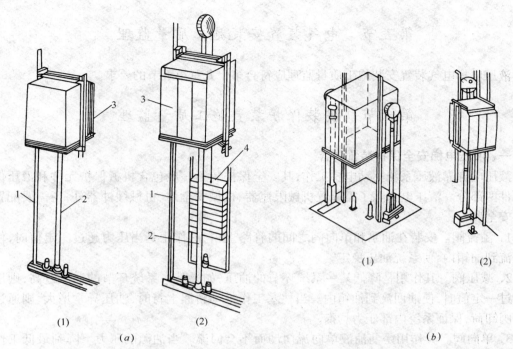

图 20-1 液压电梯示意图
(a)中心直顶式　　　　　　(b)侧置式
(1)无对重装置；(2)有对重装置　　(1)双缸侧置；(2)单缸侧置
1—导轨；2—液压缸；3—轿厢；4—对重

三、液压系统安装质量验收

(一) 主控项目验收

液压泵站及液压顶升机构的安装必须按土建布置图进行。

顶升机构必须安装牢固,缸体垂直度严禁大于 0.4‰。

监理方法:现场观察检查。

(二) 一般项目验收

1．液压管路应可靠联接,且无渗漏现象。监理方法:现场观察检查。

2．液压泵站油位显示应清晰、准确。监理方法:现场观察检查。

3．显示系统工作压力的压力表应清晰、准确。监理方法:现场观察检查。

液压电梯对重(平衡重)、悬挂装置、随行电缆、补偿装置等施工质量验收应符合本编第一章第二节的有关规定。

第三节　导轨组装施工质量监理

液压电梯导轨组装施工质量监理应符合第十九章第三节的要求。

第四节　轿厢、层门组装施工质量监理

液压电梯轿厢、层门组装施工质量监理应符合第十九章第四节的要求。

第五节 电气装置安装施工质量监理

液压电梯电气装置安装施工质量监理应符合第十九章第五节的要求。

第六节 安装保护装置施工质量监理

一、液压电梯安全保护装置内容

液压电梯靠液压系统驱动电梯工作,其安全保护装置一般包含机械保护元件和液压保护元件两部分。液压电梯除了需配置机械限速器、机械安全钳、机械缓冲器外,还需要配置下列安全装置:

1．溢流阀。安装在油泵和单向阀之间的管路上,它的作用是当压力超过一定值时,使油回流到油箱内,使系统油压稳定。

2．减压阀。其作用是降低某一系统环节的油压,如果某一系统环节的油压过高,则压力超过一定值时,使油回流到油箱内。当柱塞工作推动轿厢上行时,油压异常增大,则通过减压阀卸荷,保证系统内部压力均衡。

3．单向阀。其作用是使油液单向流向动而不会回流。当油源的压力下降到最低工作压力时或者停电(断电)的情况下。必须能够把载有额定负荷的电梯阻止在任何位置,加以制停并保持静止。

4．安全阀。设置安全阀的目的是为了防止电梯超速或自由坠落或管道破裂。

5．油温过热保护装置。油流速度与油粘度有直接关系,而粘度又受温度影响,为了控制油温,液压系统中应设置一套检温和控温的保护装置。当电梯使用频繁、负载大和速度快时提升轿厢,油温上升;下降时,液压缸内的油靠自重将油返回油箱,则将油箱油温升高,造成油质变化,从而影响各元件的正常工作状态。为了保证油温,在系统中设置油箱循环打油控制功能,当油温过低时,启动泵站将油箱中的油循环空打,直至升温到规定值再使电梯运行。油温过高时,可采用风冷或水冷等以降低油温。

6．防止柱塞脱缸装置。

7．设置安全的缓冲装置。

8．防止电动机空转装置。

9．安全制动装置。

二、监理巡视检查

液压电梯的工作,是通过机械能转变为液体(一般是油)的压力能,再由压力能转变为机械能实现的。液体压力等于压力油的压强和活塞面积的乘积;液压能等于压力和活塞行程的乘积。在液压管道系统和柱塞液压缸工作时,液体的压力必须被控制在设计范围内,柱塞运动应不受阻碍自由运行。因此,安全装置施工时,监理人员要特别注意以下几点:

1．动力元件(油泵)工作的平稳性;

2．执行元件(柱塞液压缸)和控制元件(阀门组)工作的准确性;

3．控制信息的准确性、及时性;

4．管路系统工作和反馈信息的可靠性。

其中,液压缸、阀门组的机械制造精度(光洁度、圆度等)和安装精度(如垂直度等)是影响质量的关键。

三、监理验收

液压电梯安全保护装置安装施工及质量监理,可参考第十九章第六节的内容。如果有限速器、安全钳或缓冲器,应符合第十九章第六节的有关要求的规定。

第七节 整机安装验收及质量监理

液压电梯整机安装验收过程及质量监理,可参考第十九章第七节的内容。

液压电梯在经过安装、清洗、注油、分部分(分项)检验后,应在正式交付使用前,对电梯的整体、性能、技术指标进行全面系统检查、调试,确保电梯整机的性能试验和检验全部达到规范要求。根据 GB 50310—2002 的要求,整机安装验收分主控项目、一般项目。

一、主控项目验收

液压电梯安全保护验收必须符合下列规定:

1. 必须检查以下安全装置或功能:

(1) 断相、错相保护装置或功能

当控制柜三相电源中任何一相断开或任何二相错接时,断相、错相保护装置或功能应使电梯不发生危险故障。

注:当错相不影响电梯正常运行时可没有错相保护装置或功能。

(2) 短路、过载保护装置

动力电路、控制电路、安全电路必须有与负载匹配的短路保护装置;动力电路必须有过载保护装置。

(3) 防止轿厢坠落、超速下降的装置

液压电梯必须装有防止轿厢坠落、超速下降的装置,且各装置必须与其型式试验证书相符。

(4) 门锁装置

门锁装置必须与其型式试验证书相符。

(5) 上极限开关

上极限开关必须是安全触点,在端站位置进行动作试验时必须动作正常。它必须在柱塞接触到其缓冲制停装置之前动作,且柱塞处于缓冲制停区时保持动作状态。

(6) 机房、滑轮间(如果有)、轿顶、底坑停止装置

位于轿顶、机房、滑轮间(如果有)、底坑的停止装置的动作必须正常。

(7) 液压油温升保护装置

当液压油达到产品设计温度时,温升保护装置必须动作,使液压电梯停止运行。

(8) 移动轿厢的装置

在停电或电气系统发生故障时,移动轿厢装置必须能移动轿厢上行或下行,且下行时还必须装设防止顶升机构与轿厢运动相脱离的装置。

监理方法:检查施工单位质检记录和现场观察检查。

2. 下列安全开关,必须动作可靠:

(1) 限速器(如果有)张紧开关；
(2) 液压缓冲器(如果有)复位开关；
(3) 轿厢安全窗(如果有)开关；
(4) 安全门、底坑门、检修活板门(如果有)的开关；
(5) 悬挂钢丝绳(链条)为两根时,防松动安全开关。
监理方法：现场观察检查。

3．限速器(安全绳)安全钳联动试验必须符合下列规定：
(1) 限速器(安全绳)与安全钳电气开关在联动试验中必须动作可靠,且应使电梯停止运行。
监理方法：现场观察检查。
(2) 联动试验时轿厢载荷及速度应符合下列规定：
1) 当液压电梯额定载重量与轿厢最大有效面积符合表 20-1 的规定时,轿厢应载有均匀分布的额定载重量；当液压电梯额定载重量小于表 20-1 规定的轿厢最大有效面积对应的额定载重量时,轿厢应载有均匀分布的 125% 的液压电梯额定载重量,但该载荷不应超过表 20-1 规定的轿厢最大有效面积对应的额定载重量。
2) 对瞬时式安全钳,轿厢应以额定速度下行,对渐进式安全钳,轿厢应以检修速度下行。

额定载重量与轿厢最大有效面积之间关系　　　　表 20-1

额定载重量 (kg)	轿厢最大有效面积(m^2)	额定载重量 (kg)	轿厢最大有效面积(m^2)	额定载重量 (kg)	轿厢最大有效面积(m^2)	额定载重量 (kg)	轿厢最大有效面积(m^2)
100^1	0.37	525	1.45	900	2.20	1275	2.95
180^2	0.58	600	1.60	975	2.35	1350	3.10
225	0.70	630	1.66	1000	2.40	1425	3.25
300	0.90	675	1.75	1050	2.50	1500	3.40
375	1.10	750	1.90	1125	2.65	1600	3.56
400	1.17	800	2.00	1200	2.80	2000	4.20
450	1.30	825	2.05	1250	2.90	2500^3	5.00

注：1．一人电梯的最小值
　　2．二人电梯的最小值
　　3．额定载重量超过 2500kg 时,每增加 100kg 面积增加 $0.16m^2$,对中间的载重量其面积由线性插入法确定

监理方法：现场观察检查
(3) 当装有限速器安全钳时,使下行阀保持开启状态(直到钢丝绳松弛为止)的同时,人为使限速器机构动作,安全钳应可靠动作,轿厢必须可靠制动,且轿底倾斜度不应大于 5%。
监理方法：现场观察检查。
(4) 当装有安全绳安全钳时,使下行阀保持开启状态(直到钢丝绳松弛为止)的同时,人为使安全绳机械动作,安全钳应可靠动作,轿厢必须可靠制动,且轿底倾斜度不应大于 5%。
监理方法：现场观察检查。

4．层门与轿门的试验符合下列规定：
(1) 每层层门必须能够用三角钥匙正常开启；

(2)当一个层门或轿门(在多扇门中任何一扇面)非正常打开时,电梯严禁启动或继续运行。

监理方法:现场观察检查。

5．超载试验必须符合下列规定:

当轿厢载有120%额定载荷时液压电梯严禁启动。

监理方法:现场观察检查。

二、一般项目验收

1．液压电梯安装后应进行运行试验;轿厢在额定载重量工况下,按产品设计规定的每小时启动次数运行1000次(每天不少于8h),液压电梯应平稳,制动可靠,连续运行无故障。

监理方法:检查运行记录及现场观察检查。

2．噪声检验应符合下列规定:

(1)液压电梯的机房噪声不应大于85dB(A);

(2)乘客液压电梯和病床液压电梯运行中轿内噪声不应大于55dB(A);

(3)乘客液压电梯和病床液压电梯的开关门过程噪声不应大于65dB(A)。

监理方法:现场观察检查及用噪声检测仪检查。

3．平层准确度检验应符合下列规定:

液压电梯平层准确度应在±15mm范围内。

监理方法:现场观察检查及用尺量检查。

4．运行速度检验应符合下列规定:

空载轿厢上行速度与上行额定速度的差值不应大于上行额定速度的8%;载有额定载重量的轿厢下行速度与下行额定速度的差值不应大于下行额定速度的8%。

监理方法:现场观察检查。

5．额定载重量沉降量试验应符合下列规定:

载有额定载重量的轿厢停靠在最高层站时,停梯10min,沉降量不应大于10mm,但因油温变化而引起的油体积缩小所造成沉降不包括在10mm以内。

监理方法:现场观察检查及用尺量检查。

6．液压泵站溢流阀压力检查应符合下列规定:

液压泵站上的溢流阀应设定在系统压力为满载压力的140%~170%时动作。

监理方法:现场观察检查。

7．超压静载试验应符合下列规定

将截止阀关闭,在轿内施加200%的额定载荷,持续5min后,液压系统应完好无损。

监理方法:现场观察检查。

8．观感检查应符合第十九章、第七节、四、(二)、6的规定。

监理方法:现场观察检查。

第二十一章 自动扶梯和自动人行道安装工程质量监理

本章适用于带有循环运行梯级,用于向上或向下倾斜输送乘客的固定电力驱动设备(自动扶梯)和带有循环运行(板式或带式)走道,用于水平或倾斜角不大于12°输送乘客的固定电力驱动设备(自动人行道)安装工程质量监理。

自动扶梯类别较多,可从不同角度加以分类:

1. 按驱动方式分类:有链条式(端部驱动)和齿轮齿条式(中间驱动)两类;
2. 按提升高度分:有小提升高度(最大 8m)、中提升高度(最大 12mm)、大提升高度(最大 65mm)三类;
3. 按运行速度分:有恒速和可调速两类;
4. 按梯运行轨迹分:有直线型、螺旋型、跑道型、回转落选型四类。

自动扶梯结构紧凑,一般用于客流量大而集中的场所。自动人行道与自动扶梯结构类似,不同的使用板式或带式走道替代了扶梯的梯级,且走道倾角较小(一般小于12°)。

本章主要监理依据为:

1. 《电梯工程施工质量验收规范》GB 50310—2002
2. 《建筑工程施工质量验收统一标准》GB 50300—2001
3. 《自动扶梯和自动人行道制造与安装安全规范》GB 16899—97
4. 《电梯、自动扶梯、自动人行道术语》GB/T 7024—97

第一节 自动扶梯、自动人行道设备材料要求

自动扶梯、自动人行道由桁架、驱动减速机、驱动装置、张紧装置、导轨系统、梯级(走道)、链条(或齿条)、扶拉扶手带及各种安全装置所组成。主要部件及作用(以自动扶梯为例)如下。监理人员应对主要部件有所了解,提高监理的主动性。

一、驱动机(以链条式为例):驱动机主要由电动机、蜗轮蜗杆减速机、链轮、制动器(抱闸)等组成。

就电动机的安装位置可分为立式与卧式,目前采用立式驱动机的扶梯居多。其优点为:结构紧凑,占地少,重量轻,便于维修;噪声低,振动小,尤其是整体式驱动机(图21-1),其电动机转子轴与蜗杆共轴,因而平衡性很好,且可消除振动及降低噪音;承载能力大,小提升高度的扶梯可由一台驱动机驱动,中提升高度的扶梯可由两台驱动机驱动。

二、驱动装置:驱动装置主要由驱动链轮、梯级链轮、扶手驱动链轮、主轴及制动轮或棘轮等组成。

该装置从驱动机获得动力,经驱动链用以驱动梯级和扶手带,从而实现扶梯的主运动,并且可在应急时制动,防止乘客倒滑,确保乘客安全。

该装置装配在上平台(上部桁架)中,如图 21-2 所示。

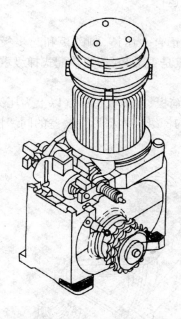

图 21-1 整体驱动机

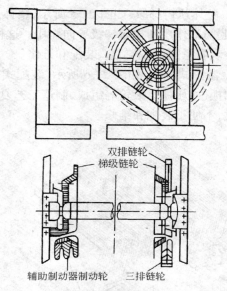

图 21-2 驱动装置

三、张紧装置:如图 21-3 所示,张紧装置由梯级链轮、轴、张紧小车及张紧梯级链的弹簧等组成。

张紧弹簧可由螺母调节张力,使梯级链在扶梯运行时处于良好工作状态。当梯级链断裂或伸长时,张紧小车上的滚子精确导向产生位移,使其安全装置(梯级链断裂保护装置)起作用,扶梯立即停止运行。

四、导轨:目前,相当一部分扶梯采用冷拔角钢作为扶梯梯级运行和返回导轨。

采用国外引进技术生产的扶梯梯级运行和返回导轨均为冷弯型材,具有重量轻、相对刚度大、制造精度高等特点,便于装配和调整。

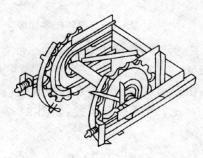

图 21-3 张紧装置

由于采用了新型冷弯导轨及导轨架,降低了梯级的颠振运行、曲线运行和摇动运行,延长了梯级及滚轮的使用寿命。同时,减小了上平台(上部桁架)与下平台(下部桁架)导轨平滑的转折半径,又减少了梯级轮、梯级链轮对导轨的压力,降低了垂直加速度,也延长了导轨系统的寿命。

五、梯级链:如图 21-4 所示,梯级链由具有永久性润滑的支撑轮支撑,梯级链上的梯级轮就可在导轨系统、驱动装置及张紧装置的链轮上平稳运行;还使负荷分布均匀,防止导轨系统的过早磨损,特别是在反向区两根梯级链由梯级轴连接,保证了梯级链整体运行的稳定性。

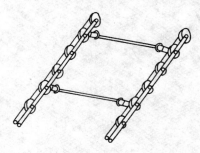

图 21-4 梯级链

梯级链的选择应与扶梯提升高度相对应。链销的承载压力是梯级链延长使用寿命的重要因素,必须合理选择链销直径,才能保证扶梯安全可靠运行。

六、梯级:梯级有整体压铸梯级与装配式梯级两类。

1. 整体压铸梯级:如图21-5所示,整体压铸梯级系铝合金压铸,脚踏板和起步板铸有筋条,起防滑作用和相邻梯级导向作用。这种梯级的特点是重量轻(约为装配式梯级重量之半),外观质量高,便于制造、装配和维修。

2. 装配式梯级:如图21-6所示,装配式梯级是由脚踏板、起步板、支架(以上为压铸件)与基础板(冲压件)、滚轮等组成,制造工艺复杂,装配后的梯级尺寸与形位公差的同一性差,重量大,不便于装配和维修。

图21-5 整体压铸梯级

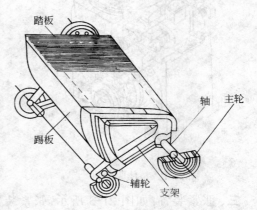

图21-6 装配式梯级

上述两类梯级既可提供不带有安全标志线的梯级,也可提供带有安全标志线的有特殊要求的梯级。黄色安全标志线可用黄漆喷涂在梯级脚踏板周围,也可用黄色工程塑料(ABS)制成镶块镶嵌在梯级脚踏板周围。

七、扶手驱动装置:如图21-7所示,由驱动装置通过扶手驱动链直接驱动,无须中间

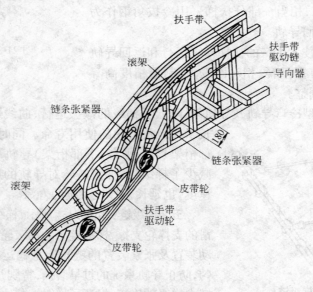

图21-7 扶手驱动装置

轴,扶手带驱动轮缘有耐油橡胶摩擦层,以其高摩擦力保证扶手带与梯级同步运行。

为使扶手带获得足够摩擦力,在扶手带驱动轮下,另设有皮带轮组。皮带的张紧度可由皮带轮中一个带弹簧与螺杆进行调整,以确保扶手带正常工作。

八、扶手带:如图21-8所示,扶手带由多种材料组成,主要为天然(或合成)橡胶、棉织物(帘子布)与钢丝或钢带等。

扶手带的质量,诸如物理性能、外观质量、包装运输等,必须严格遵循有关技术要求和规范。

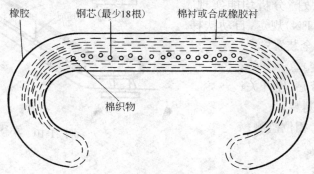

图21-8 扶手带

九、梳齿、梳齿板、楼层板:

1. 梳齿:如图21-9所示,在扶梯出入口处装设梳齿与梳齿板,以便乘客安全过渡。梳齿上的齿槽与梯级上的齿槽啮合,即使乘客的鞋或物品在梯级上相对静止,也会平滑地过渡到楼层板上。一旦有物品阻碍了梯级的运行,梳齿被抬起或位移,可使扶梯停止运行。梳齿可采用铝合金压铸件,也可采用工程塑料注塑件。

2. 梳齿板:梳齿板用以固定梳齿。它可用铝合金型材制作,也可用较厚碳钢板制作。

3. 楼层板(着陆板):楼层板既是扶梯乘客的出入口,也是上平台、下平台维修间(机房)的盖板,一般为薄钢板制作,背面焊有加强筋。楼层板表面应铺设耐磨、防滑材料。如铝合金型材、花纹不锈钢板或橡胶地板。

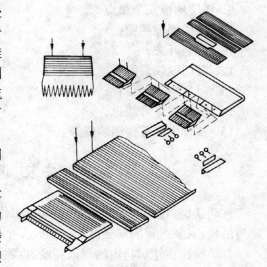

图21-9 梳齿与梳齿板

十、扶栏:扶栏设在梯级两侧,起保护和装饰作用(图21-10)。

一般分为垂直扶栏和倾斜扶栏。这两类扶栏又可分为全透明无支撑、全透明有支撑、半透明及不透明4种。垂直扶栏为全透明无支撑扶栏,倾斜扶栏为不透明或半透明扶栏。由于扶栏结构不同,扶手带驱动方式也随之各异。

十一、润滑系统:所有梯级链与梯级的滚轮均为永久性润滑。

主驱动链、扶手驱动链及梯级链则由自动控制润滑系统分别进行润滑。该润滑系统为自动定时、定点直接将润滑油喷到链销上,使之得到良好的润滑。润滑系统中泵或电磁阀的启动时间、给油时间均由控制柜中的延时继电器控制(PC 控制则由 PC 内部时间继电器控制)。

十二、安全装置：扶梯是公共交通的重要工具,安全是至关重要的。

随着 PC 的应用,对故障的自动报警、自动显示、自动故障分析均能实现。根据扶梯安全标准(EN)规定,自动扶梯必须有以下 15 种安全装置：

1. 断链(梯级链)急停开关；
2. 断带(扶手带)急停开关；
3. 梯级水平监测装置；
4. 过电流保护,相位监测；
5. 扶手入口触点；
6. 梳齿板触点；
7. 护栏围裙触点；
8. 驱动轴安全制动器；
9. 楼层地板安全触点；
10. 梯的间隙照明；
11. 应急开关；
12. 盖门联锁装置；
13. 电气防反转装置；
14. 防梯级举升轨道；
15. 扶梯内烟雾探测装置等。

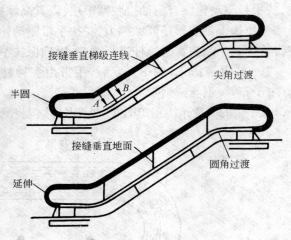

图 21-10 扶梯

第二节 安装、调试过程的监理巡查

自动扶梯、自动人行道的安装、调试工作专业性很强,监理巡视检查的重点是定位准确度与吊装、安装过程的安全性。

自动扶梯在建筑物内的驶入高度,也就是在吊运距离内的净高度绝对不得低于自动扶梯最小尺寸,更需注意建筑物顶部悬挂下来的管道、电线或灯具等。

自动扶梯的驶入宽度取决于自动扶梯宽度、自动扶梯长度(特别在转弯处)以及所选用的起重机械。监理人员巡查中应要求安装单位注意。下面以自动扶梯为例说明其安装过程。

一、自动扶梯金属结构的拼接、起吊及安装

如果自动扶梯是分段运往工地的话,则其金属结构将要在工地进行拼接。在进行金属结构拼接时,可采用端面配合连接法。在每个连接面上,用若干只 M24 高强度螺栓连接。由于在受拉面与受压面上都用高强度螺栓,所以必须使用专用工具,以免拧得太紧或太松。拼接可在地面上进行,也可悬吊于半空进行,主要取决于现场作业条件。拼接时,可先用紧固螺栓确定相邻两金属结构段的位置,然后插入高强度螺栓,用测力扳手拧紧。金属结构拼

接完成之后,即按起吊要求,使其就位。

起吊自动扶梯和自动人行道时,应注意保护设备不受损坏。吊挂的受力点,应在自动扶梯或自动人行道两端的支撑角钢上的起吊螺栓或吊装脚上。

自动扶梯金属结构就位以后,定位是一件重要工作。测量提升高度的方法如图21-11所示。在自动扶梯上部与上层建筑物柱体距离 h_2 处划出基准线,然后又在下层建筑物柱体定出基准线,令 $h_1 = h_2$,即可测出提升高度 H。确定自动扶梯所在位置的方法如图21-12(a)所示。从建筑物柱体的坐标轴 y 开始,测量和调整 y 轴和梳齿板后沿间的距离,横梁至金属结构端部间的距离应小于70mm,见图21-12(b)。同样,也可以从柱体的坐标轴 x 开始,测量和调整 x 轴与梳板中心间的距离见图21-12(a)。

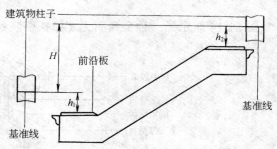

图21-11 提升高度测定图

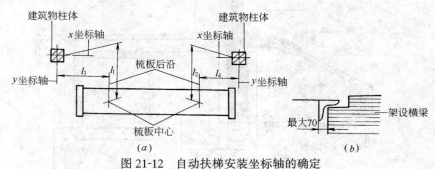

图21-12 自动扶梯安装坐标轴的确定

如果安装后的自动扶梯的提升高度和建筑物两层间应有的提升高度出现微小差异时,可采用修整建筑物楼面或少许改变倾角(约为0.5°)两种方案来解决。

金属结构的水平度,可用经纬仪测量。使用经纬仪时,以其上刻度垂直于梳板后沿的方式,据此调整金属结构的水平度到小于1‰的范围。

自动扶梯金属结构安装到位后,可安装电线,接通总开关。

二、部分梯级的安装

一般自动扶梯出厂时,驱动机组、驱动主轴、张紧链轮和牵引链条已在工厂里安装调试完成,梯级也已基本装好。一般留几级梯级最后安装。在分段运输自动扶梯至使用现场进行安装时,先拼接金属结构,然后吊装定位,拆除用于临时固定牵引链条和梯级的钢丝绳,用钢丝销将牵引链条销轴连接(图21-13)。

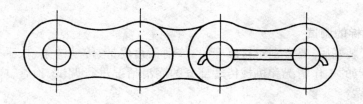

图21-13 牵引链条的连接

梯级装拆一般在张紧装置处进行。

三、扶手系统的安装

由于运输或空间狭窄等原因扶手部分往往未安装好就将自动扶梯直接运往建筑物内,在现场进行扶手的安装;或是在制造厂内将已经安装好的扶手部分卸下,到现场后再安装。

图 21-14 所示是一种全透明无支撑扶手装置构造图。

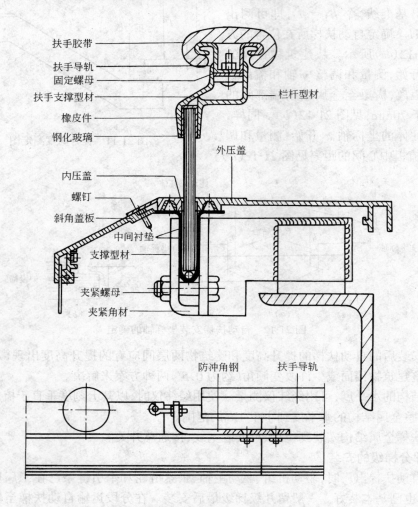

图 21-14　全透明无支撑的扶手装置图

在自动扶梯试车时,检查扶手胶带的运转和张紧情况,并去除各钢化玻璃之间的填充片。

四、自动扶梯的调试

自动扶梯安装好后,要分别对检修开关、传动三角皮带、传动链条、扶手驱动轮、梳板安全开关、裙板触点的工作情况和机械传动部分的润滑情况进行调试、检查,应保证各部分传动正确、动作可靠。

自动人行道的安装调试过程,可以参照自动扶梯的情况进行。

第三节 监理验收

自动扶梯、自动人行道设备的装配，一般有两种情况：一是在生产厂内装配完成，整机运往现场安装；一是将已装配好的设备临时拆分成几段，到现场后再拼接成整体后安装。因此，自动扶梯、自动人行道安装工程的质量监理，应重点抓住设备进场验收、土建交接检验、整机安装验收三个环节。

一、设备进场验收

（一）主控项目验收

电梯承包商必须提供以下资料：

（1）技术资料

1）梯级或踏板的型式试验报告复印件，或胶带的断裂强度证明文件复印件；

2）对公共交通型自动扶梯、自动人行道应有扶手带的断裂强度证书复印件。

（2）随机文件

1）土建布置图；

2）产品出厂合格证。

监理方法：检查资料、文件。

（二）一般项目验收

1．随机文件还应提供以下资料：

（1）装箱单；

（2）安装、使用维护说明书；

（3）动力电路和安全电路的电气原理图。

2．设备零部件应与装箱单内容相符。

3．设备外观不应存在明显的损坏。

监理方法：检查资料、文件。

二、土建交接检验

（一）主控项目检验

1．自动扶梯的梯级或自动人行道的踏板或胶带上空，垂直净高度严禁小于2.3m。

监理方法：现场观察及用尺量检查。

2．在安装之前，井道周围必须设有保证安全的栏杆或屏障，其高度严禁小于1.2m。

注意：本条为强制性条文，必须严格执行。

监理方法：现场观察及用尺量检查。

（二）一般项目检验

1．土建工程应按照土建布置图进行施工，且其主要尺寸允许误差应为：

提升高度 $-15\sim +15$mm；跨度 $0\sim +15$mm。

监理方法：现场观察及用尺量检查。

2．根据产品供应商的要求应提供设备进场所需的通道和搬运空间。

监理方法：现场观察及检查。

3．在安装之前，土建施工单位应提供明显的水平基准线标识。

监理方法:现场观察及检查。

4．电源零线和接地线应始终分开。接地装置的接地电阻值不应大于4Ω。

监理方法:现场观察检查及接地电阻测试仪测试检查。

三、整机安装验收

(一) 主控项目验收

1．在下列情况下,自动扶梯、自动人行道必须自动停止运行,且第4款至第11款情况下的开关断开的动作必须通过安全触点或安全电路来完成。

　(1) 无控制电压;

　(2) 电路接地的故障;

　(3) 过载;

　(4) 控制装置在超速和运行方向非操纵逆转下动作;

　(5) 附加制动器(如果有)动作;

　(6) 直接驱动梯级、踏板或胶带的部件(如链条或齿条)断裂或过分伸长;

　(7) 驱动装置与转向装置之间的距离(无意性)缩短;

　(8) 梯级、踏板或胶带进入梳齿板处有异物夹住,且产生损坏梯级、踏板或胶带支撑结构;

　(9) 无中间出口的连续安装的多台自动扶梯、自动人行道中的一台停止运行;

　(10) 扶手带入口保护装置动作;

　(11) 梯级或踏板下陷。

监理方法:现场观察检查。

2．应测量不同回路导线对地的绝缘电阻。测量时,电子元件应断开。导体之间和导体对地之间的绝缘电阻应大于1000Ω/V,且其值必须大于:

　(1) 动力电路和电气安全装置电路 0.5MΩ;

　(2) 其他电路(控制、照明、信号等) 0.25MΩ。

监理方法:现场观察检查及用兆欧表测量检查。

3．电气设备接地必须符合下列规定:

　(1) 所有电气设备及导管线槽的外露可导电部分均必须可靠接地(PE);

　(2) 接地支线应分别直接接至干线接线柱上,不得互相连接后再接地。

监理方法:现场观察检查。

(二) 一般项目验收

1．整机安装检查应符合下列规定:

　(1) 梯级、踏板、胶带的楞齿及梳齿板应完整、光滑。

　(2) 在自动扶梯、自动人行道入口处应设置使用须知的标牌。

　(3) 内盖板、外盖板、围裙板、扶手支架、扶手导轨、护壁板接缝应平整。接缝处的凸台不应大于0.5mm。

　(4) 梳齿板梳齿与踏板面齿槽的啮合深度不应小于6mm。

　(5) 梳齿板梳齿与踏板面齿槽的间隙不应小于4mm。

　(6) 围裙板与梯级、踏板或胶带任何一侧的水平间隙不应大于4mm,两边的间隙之和不应大于7mm。当自动人行道的围裙板设置在踏板或胶带之上时,踏板表面与围裙板下端之间的垂直间隙不应大于 4mm。当踏板或胶带有横向摆动时,踏板或胶带的侧边与围裙板垂直投影之间不得产生间隙。

(7) 梯级间或踏板间的间隙在工作区段内的任何位置,从踏面测得的两个相邻梯级或两个相邻踏板之间的间隙不应大于 6mm。在自动人行道过渡曲线区段,踏板的前缘和相邻踏板的后缘啮合,其间隙不应大于 8mm。

(8) 护壁板之间的空隙不应大于 4mm。

监理方法:现场观察检查及用尺量检查。

2．性能试验应符合下列规定:

(1)在额定频率和额定电压下,梯级、踏板或胶带沿运行方向空载时的速度与额定速度之间的允许偏差为 ±5%;

(2)扶手带的运行速度相对梯级、踏板或胶带的速度允许偏差为 0~+2%。

监理方法:检查施工纪录及现场观察检查。

3．自动扶梯、自动人行道制动试验应符合下列规定:

(1) 自动扶梯、自动人行道应进行空载制动试验,制停距离应符合表 21-1 的规定。

制 停 距 离　　　　　　　　　表 21-1

额定速度(m/s)	制停距离范围(m)	
	自 动 扶 梯	自 动 人 行 道
0.5	0.20~1.00	0.20~1.00
0.65	0.30~1.30	0.30~1.30
0.75	0.35~1.50	0.35~1.50
0.90	—	0.40~1.70

注:若速度在上述数值之间,制停距离用插入法计算。制停距离应从电气制动装置动作开始测量。

(2) 自动扶梯应进行载有制动载荷的制停距离试验(除非制停距离可以通过其他方法检验),制动载荷应符合表 21-2 规定,制停距离应符合表 21-1 的规定;对自动人行道,制造商应提供按载有表 21-2 规定的制动载荷计算的制停距离,且制停距离应符合表 21-1 的规定。

制 动 载 荷　　　　　　　　　表 21-2

梯级、踏板或胶带的名义宽度(m)	自动扶梯每个梯级上的载荷(kg)	自动人行道每 0.4m 长度上的载荷(kg)
$z \leqslant 0.6$	60	50
$0.6 < z \leqslant 0.8$	90	75
$0.8 < z \leqslant 1.1$	120	100

注:1. 自动扶梯受载的梯级数量由提升高度除以最大可见梯级踢板高度求得,在试验时允许将总制动载荷分布在所求得的 2/3 的梯级上;
　　2. 当自动人行道倾斜角度不大于 6°,踏板或胶带的名义宽度大于 1.1m 时,宽度每增加 0.3m,制动载荷应在每 0.4m 长度上增加 25kg;
　　3. 当自动人行道在长度范围内有多个不同倾斜角度(高度不同)时,制动载荷应仅考虑到那些能组合成最不利载荷的水平区段和倾斜区段。

4．电气装置还应符合下列规定:

(1) 主电源开关不应切断电源插座、检修和维护所必需的照明电源。

(2) 机房和井道内应按产品要求配线。软线和无护套电缆应在导管、线槽或确能起到等效防护作用的装置中使用。护套电缆和橡套软电缆可明敷于井道或机房内使用，但不得明敷于地面。

(3) 导管、线槽的敷设应整齐牢固。线槽内导线总面积不应大于线槽净面积60%；导管内导线总面积不应大于导管净面积40%；软管固定间距不应大于1m，端头固定间距不应大于0.1m。

(4) 接地支线应采用黄绿相间的绝缘导线。

监理方法：现场观察检查。

5．观感检查应符合下列规定：

(1) 上行和下行自动扶梯、自动人行道、梯级、踏板或胶带与围裙板之间应无刮碰现象（梯级、踏板或胶带上的导向部分与围裙板接触除外），扶手带外表面应无刮痕。

(2) 对梯级（踏板或胶带）、梳齿板、扶手带、护壁板、围裙板、内外盖板、前沿板及活动盖板等部位的外表面应进行清理。

监理方法：现场观察检查。

第二十二章 分部(子分部)工程质量验收

分部(子分部)工程质量验收应在分项工程质量验收合格的基础上进行。电梯分部(子分部)工程由总监理工程师(建设单位项目负责人)组织施工单位项目负责人和技术、质量负责人等进行验收。验收应符合下列规定。

一、分项工程质量验收合格应符合下列规定：

1. 各分项工程中的主控项目应进行全验,一般项目应进行抽验,且均应符合合格质量规定。可按表22-1记录。

分项工程质量验收记录表　　　　　表22-1

工程名称			
安装地点			
产品合同号/安装合同号		梯号	
安装单位		项目负责人	
监理(建设)单位		监理工程师	
执行标准名称及编号			
检验项目	检验结果		
	合格		不合格
主控项目			
一般项目			
验收结论			
参加验收单位	安装单位 项目负责人： 年 月 日		监理(建设)单位 监理工程师： (项目负责人) 年 月 日

2. 应具有完整的施工操作依据、质量检查记录。

二、分部(子分部)工程质量验收合格应符合下列规定：

1. 子分部工程所含分项工程的质量均应验收合格且验收记录应完整。子分部可按表22-2记录；

子分部工程质量验收记录表　　　　　　　　　表22-2

工程名称			
安装地点			
产品合同号/安装合同号		梯　号	
安　装　单　位		项目负责人	
监理(建设)单位		监理工程师	
序　号	分项工程名称	检　验　结　果	
		合　格	不　合　格
	验　收　结　论		

参加验收单位	安　装　单　位	监理(建设)单位
	项目负责人： 年　月　日	总监理工程师： (项目负责人) 年　月　日

2. 分部工程所含子分部工程的质量均应验收合格。分部工程质量验收可按表22-3记录汇总；

分部工程质量验收记录表 表22-3

工程名称					
安装地点					
监理(建设)单位			监理工程师/项目负责人		
子分部工程名称			检验结果		
			合　格		不合格
合　同　号	梯　　号	安装单位			
验　收　结　论					
监理(建设)单位					

总监理工程师：
(项目负责人)

年　月　日

3. 质量控制资料应完整；
4. 观感质量应符合本规范要求。

三、当电梯安装工程质量不合格时,应按下列规定处理：

1. 经返工重做、调整或更换部件的分项工程,应重新验收；
2. 通过以上措施仍不能达到本规范要求的电梯安装工程,不得验收合格。

参 考 文 献

1. 安顺合．建筑电气监理手册．北京：机械工业出版社，2001年9月
2. 李林等．智能大厦系统工程．北京：电子工业出版社，1998年8月
3. 梁华等．建筑弱电工程设计手册．北京：中国建筑工业出版社，1998年8月
4. 陈龙等．智能小区及智能大楼的系统设计．北京：中国建筑工业出版社，2001年10月
5. 花铁森等．建筑弱电工程安装施工手册．北京：中国建筑工业出版社，1999年10月
6. 刘国林等．综合布线系统工程设计．北京：电子工业出版社，1998年10月
7. 何乔治等．电梯故障与排除．2002年3月
8. 安振木等．电梯安装维修实用技术．2002年3月
9. 强十渤等．钢结构与电梯工程．1996年1月
10. 张俊红等．建筑工程施工质量验收统一标准实施手册．2002年3月
11. 陈远春．建筑工程质量检验评定标准实务全书．2002年3月
12. 安装工程质量通病防治手册．手稿编写组编．北京：中国建筑工业出版社，1991年8月
13. 江苏省建筑安装工程施工技术操作规程(DB 32/306—1999)
14. 建筑工程施工质量验收统一标准(GB 50300—2001)
15. 建筑电气工程施工质量验收规范(GB 50303—2002)
16. 电梯工程施工质量验收规范(GB 50310—2002)
17. 智能建筑设计标准(GB/T 50312—2000)
18. 建筑与建筑群综合布线系统工程验收规范(GB/T 50312—2000)
19. 建筑智能化系统工程实施及验收规范(DB 32/366—1999)